心中有景，
花香满径

人生的风景 ●

都是 ●

夏晓夕　著　　心灵的风景 ●

中国华侨出版社

生命就像一场花开，没有声音，照样可以惊心动魄。

前言

　　王菲有一首歌，歌词为"等到风景都看透，也许你会陪我看细水长流"。这句歌词完美地诠释了从"风景"到"心景"的一个心路历程。从实到虚，从外到内，从喧嚣到宁静，这是一种历经世事的感悟，一种"心中有景，何处不是花香满径"的境界升华。

　　人生的风景，说到底是心灵的风景。人这一生，大部分时间都在忙着认识各种人，努力做各种事，为了将来更自由地活着，看更多的风景，孜孜以求。可很多人最终总是感叹：有时间的时候没钱出去，有钱的时候又没时间旅行。活着，就是如此难以两全。

心中有景的人，快乐、自信、阳光，他们能从喧闹的闹市中另辟蹊径，体会生活的五光十色；他们能从容不迫穿行于万众之列，读懂人生百态；他们能从夹缝中感受成长的欢乐，积攒人生阅历。心中有景的人，大度、豁达、宽容，他们胸襟开阔，不拘小节，不猜忌，不中伤，不计较，不种刺，不记仇；他们能保持心底豁达心似明镜，他们能固守静谧独享宁静。心中有景的人，淡定、淳朴、平和，他们一路向阳，乐观向上，遭遇坎坷不言弃，遭遇荆棘不呻吟；他们淳朴无瑕，以诚待人，既不哗众取宠，又不卑微怯懦。心中有景的人，睿智、明锐、知性，懂得丈量生命厚度，把握生命机缘，他们不卑不亢，心如止水，不会在失意时消沉退却，不会在成功时炫耀吹嘘；他们善其心，善其身，淡然面对如梭岁月如河生命，让生命别样绽放……

只要心中有景，何处不是花香满径？可见，世界给你什么并不重要，重要的是你用什么样的心态回应和生存于这个世界。

都说人生是一场旅行，是一场你与陌生世界的美丽遇见。其实，人生最有价值的遇见，是在某一瞬间，重遇了自己，那一刻你才会懂得：走遍世界，也不过是为了找到一条走回内心的路。所有你眼中看见美丽或是丑陋的风景，都是你心灵风景的投影。

心中有景，花香满径

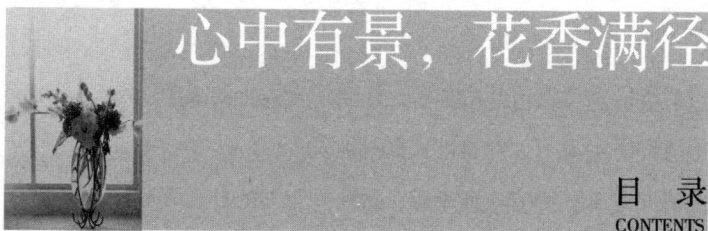

| 第一篇 准备出发吧 |

第一章 我要去哪里：为了遇见最好的自己

第二章 幸福的护照：不再苛求，不再纠结

第三章　路途的忠告：现实用脚走，梦想用心走

第二篇　人生无囧途

第四章　乐观号列车：微笑是最好的天气

第五章　知足号航班：平常心才有大自在

第六章　快乐自驾游：何妨迷路看风景

第三篇 且行且珍惜

第七章 组团结伴：独乐乐不如众乐乐

第八章 交友守则：向世界释放你的善意

第九章　摄影留念：仰望幸福的角度

第十章　拯救麻烦：不贪恋过去，不忧惧未来

第一篇

准备出发吧

第一章
我要去哪里：为了遇见最好的自己

人生的旅行，不是为了追逐，

而是成就一颗渴望自由的心。

步骤 1. 将伤痛当作垫脚石，铺就一条幸福路

旅途中，一块石头可能成为你的绊脚石，也可能成为你的垫脚石，一切只看你将这块石头摆放在什么样的位置。

人生是一场不能抗拒的旅行，而在这条旅行路上，我们总是会绊到大大小小的石头，这些石头有的叫作"痛苦"，有的叫作"遗憾"，但不管它们叫什么，实际上它们都有一个共同的名称——"已过去"。

当我们被痛苦与遗憾的石头绊倒时，有的人伤痛过后便能昂首向前，将这些石头视作垫脚石，继续走向幸福路；而有的人，却习惯将这些痛苦与遗憾的石头放入背包，日夜相对，甚至天天悲痛万分、以泪洗面。昂首向前的人，终究能够走出阴霾，而那些将伤痛紧抓不放的人，却注定疲惫不堪，自葬幸福。

张女士结婚 3 年，终于如愿以偿怀孕了。足月后，她生下一个又白又胖的男孩，夫妻俩都非常高兴，一直生活在农村的公公婆婆更是笑得合不拢嘴，买了一大堆东西千里迢迢来看他们。

就在张女士感到最幸福、最满足的时候，悲剧却悄然发生了。就在孩子刚满月的那天晚上，张女士把孩子哄睡以后，很快也进入了梦乡。也许是因为白天摆满月酒忙着招待客人，她实在太累了，睡得很沉，连被子蒙住了孩子的头也没有察觉到。

当张女士从睡梦中惊醒的时候，怀里的孩子已经脸色乌青，窒息而亡。看着怀里已然逝去的小生命，张女士如同五雷轰顶，伤心欲绝地号啕大哭起来，一边凄厉地叫喊着："是我害死了孩子！是我害死了孩子！"

虽然张女士的丈夫和公公婆婆都不忍责怪她，但张女士却无法接受这个事实，一连几天几夜都不吃不喝，只疯了一般又哭又喊，任谁劝都不听。

最后，张女士精神失常了，她整天抱着孩子的小衣服、小被褥发呆，一会儿哭，一会儿笑，嘴里不停地絮叨着："我有罪，我该死……"一个原本很幸福的家庭就这样变成了令人感慨不已的不幸之家。

张女士的遭遇确实令人同情，对于一个母亲而言，还有什么比痛失爱子更令人痛苦的呢？但孩子已经离去了，痛苦的事情已经发生，即使再悲伤、再痛苦，又能挽回什么呢？孩子能活过来吗？不！悲剧不会改写，时间也不会倒流！对于伤痛的沉湎只会让痛苦加剧，最终让整个家庭付出更惨痛的代价。

在现实生活中，我们常常听到人们痛苦地说："我永远无法原谅自己，不能拥有幸福是对的。"可是，不原谅又如何？把自己推进一个黑暗的深渊，让自己再也看不到希望和光明，那样又有什么用呢？

既然如此，为什么不承认事实，接受事实，让自己从过去的痛苦中摆脱出来呢？要知道，那些幸福的人不是没有经历过伤痛，而是善于忘记过去的痛苦，将伤痛当作了垫脚石，进而铺就出一条幸福之路。

人生不可能一帆风顺，总会有这样或者那样的坎坷，让我们有这样或者那样的痛苦。我们无法改变事实本身，也无法要求老天和别人给我们想要的，但是我们可以调整自己的内心，让自己总是幸福快乐地生活。所谓幸福的真谛并不单单在于我们拥有多少，而在于我们是否善于忘记。只有学会忘记过去的痛苦，将自己从过去的痛苦之中解脱出来，才能在人生的旅途中不断前进，获得幸福。

在很多人眼中，刘美楠是如此幸运。因为她拥有一个温馨幸福的家庭，嫁给了一个人人称羡的好老公。

结婚后，夫妻恩恩爱爱，日子也过得有滋有味，没多久，小两口就有了一个可爱的儿子，刘美楠也辞去工作，专心做起了家庭主妇。就在儿子2岁多的时候，一个和平时并没有什么不同的夜里，刘美楠的老公突然向她摊牌，说他和公司里的一个女员工已经交往一年多了，问她要怎么处理。

老公的话让刘美楠惊得手足无措，她从未想过，电视剧里的家庭悲剧也会发生在自己身上。但幸福似乎就是这样，总是来得突然，去得也令人猝不及防。出轨的男人怎能留，刘美楠当即提出了离婚，两人在两天之内就办好了离婚手续。离婚容易，离婚之后的生活可就不那么美丽了。从小生活无忧的刘美楠从来没有遇到过什么痛苦，但这以后，一切的伤痛都要自己一个人承担了。为了争那一口气，她将儿子安顿在一所条件不错的幼儿园里，之后就开始了谋职生涯。

为了照顾儿子，刘美楠已经两年多没有出来工作了，面对竞争激烈的新公司环境，她着实有些应付不过来。但刘美楠心里清楚，自己这次是背水一战，绝不能失败。经过几次令人头痛的磨炼打拼，刘美楠变得坚强起来，工作也做得越来越好，依靠自己的力量撑起了和儿子的新生活。

春节的时候，按照离婚时的约定，刘美楠带着孩子去见了前夫。在闲聊中，刘美楠得知，原来在他们离婚后不久，前夫就和那个女职员分手了，事业也遭受了重挫。前夫非常后悔当初和刘美楠离婚，那次见面之后不久，就对刘美楠提出了复婚请求，但是刘美楠拒绝了，她说自己现在很幸福，已经不需要重新回到过去了。

幸福是一种心情，它长存于每个人心间。只是痛苦有时很调皮，偷偷蒙住了我们的眼睛，让我们误以为它被尘封在遥远的地方。当我们面对痛苦的事情时，如果能像掸灰尘一样，将痛苦一扫而去并重新振作前进，那么我们又怎么可能不幸福呢？要知道，通往幸福的地图一直在我们手中，我们要做的，是在出发之前整理好自己的行囊，将沉重的悲伤与痛苦卸下，轻装上阵，唯有如此，才能真正享受到人生这场自助游的乐趣。

人生在世，我们不仅要学会帮助别人，更要学会帮助自己。幸福不是别人给我们的，而是我们自己给自己的。当伤痛降临之际，我们只能自己帮助自己，从过去的痛苦中解脱出来，只有把伤痛变成前行的垫脚石，我们才可能为自己铺就一条人生的幸福路。

步骤 2. 坚信人生可以转身，但不必回头

　　旅行时总会面对分岔路，一条静谧，一条明媚。无论选择哪一条路，都将错过另一头的风景；但同样，无论选择哪一条路，都将拥有不可比拟、弥足珍贵的体验。

　　朱自清曾经说过："燕子去了，有再来的时候；杨柳枯了，有再青的时候；桃花谢了，有再开的时候。但是，聪明的，你告诉我，我们的日子为什么一去不复返呢？"人生是一场没有退路的旅行，从出生的那一刻起，上天就封死了回头的路，我们无路可退，只能不断前行。

　　人生在世，总会有很多遗憾，有很多人都曾遗憾地说："如果再给我一次机会，我一定会做得更好！"可人生一经过去，便永远不能再回头了，它永远不会给我们第二次机会。

　　富有智慧的老人曾一遍遍告诫过我们："在这个世界上，什么药都有卖的，可是唯独没有卖后悔药的。"既然如此，当某件事情已经发生的时候，不管前方的道路多么坎坷难走，我们也只能勇敢地转过身子，绝不回头，继续大步向前走去。

　　拿破仑·希尔小时候是一个非常顽皮的孩子。有一天，当他和几个小朋友在一间荒废的阁楼里玩耍的时候，一不小心从阁楼上滑了下去。正当他摔倒的那一刻，一根钉子钩住了他的戒指。

　　这个戒指是父亲的，拿破仑经常看父亲戴着，觉得非常好奇，就偷偷地戴到了自己的手指上。然而这个戒指却成为使他变成残疾的罪魁祸首，他摔倒的时候，一股强大的力量把他的整根手指都拖拉了下来。

　　十指连心，锥心的疼痛让拿破仑当时就昏迷了过去，他以为自己死定了，不过最后他幸运地活了下来。但是，他永远不可能和正常人一样了——他失去了一根手指，变成了残疾人。

　　很多人都以为这件事情对拿破仑是一个很大的打击。但是，当手痊愈以后，拿破仑没有总盯着自己的断指，也没有因此而烦恼，他依然像以前一样开心地生活，就好像断指的事情从来没有发生过一般。

　　好友好奇地问："你后悔过自己当初的行为吗？"

　　拿破仑摇摇头，回答道："后悔又有什么用呢？难道时间会因为我的后悔而倒流，手指会因我的后悔和烦恼而长出来啊？后悔只能给自己徒增烦恼罢了。相反，如果我不因这件事情而烦恼，那么我会发现我的四根手指和别人的五根手指并没有什么不同。"

　　拿破仑停顿一下，又继续说道："人生有好多的事情都是这样，即使我们真的错了，那也不能因为过去的错而一直耿耿于怀，这样不但于事无补，反而只会劳神费力，所以我们应该转过身继续往前走，而不是总往后看。"

　　人非圣贤，孰能无过。在漫长的人生中，任何人都免不了会做出错误的事情，并为此付出惨痛的代价，而当我们付出代价之后，就不应该再为过去的错误不断地回头，耿耿于怀。过去的已经过去，即使我们回数次头，也不可能改变既定的事实。

拿破仑·希尔正是明白这一道理，才能在坠楼事件使他失去一根手指之后，依然鼓起生活的勇气，朝着更远的目标前进，最终成为了美国著名的现代成功学大师。

著名的文学家刘墉也曾经说过："人生在世，我们可以转身，但不必回头，即使有一天发现自己错了，也应该转身大步地朝着对的方向前进，而不是一直回头埋怨自己的错误。"

的确，在人生道路上，我们不可能总是一帆风顺，路途中总是会发生这样或者那样不愉快的事情。但是事情已然成为定局，我们与其沉浸在过去，用忧虑来毁灭自己的生活，倒不如学着接受事实，重新出发，继续走完剩下的人生之路。

人，不能陷在痛苦的泥潭里不能自拔，

遇到可能改变的现实，我们要向最好处努力，

遇到不可能改变的现实，不管让人多么痛苦不堪，我们都要勇敢地面对……

这段话摘自颇有影响力的作家伊丽莎白·唐莉《用微笑把痛苦埋葬》一书。伊丽莎白·唐莉曾经是一个不幸的女人，她也曾在痛苦中不可自拔，但后来，她终于明白人生不可能回头，于是就用微笑将痛苦埋葬，走过了那段艰难岁月，撑起了一片朗朗晴空。

让我们一起来看看她的故事。

"二战"期间，在庆祝盟军于北非获胜的那一天，家住美国俄勒冈州波特南的伊丽莎白·唐莉女士收到了国防部的一份电报：她的儿子在战场上牺牲了。这是她唯一的儿子，也是她唯一的亲人，这可是她的命根子啊！

伊丽莎白·唐莉无法接受这个突如其来的严酷事实，到了精神崩溃的边缘。她后悔自己当初赞成了儿子参军的决定，认为儿子的悲剧是自己造成的，为此整日痛不欲生、心生绝望，觉得人生再也没有什么意义。之后，她决定放弃工作，远离家乡，找一个无人的地方默默地了此余生。

在清理行装的时候，伊丽莎白·唐莉忽然发现了一封几年前的信，那是儿子在到达前线后写给她的。信上写道："请妈妈放心，我永远不会忘记您对我的教导，无论在哪里，也无论遇到什么样的灾难，我都会勇敢地一直向前走，像真正的男子汉那样，我永远以您为榜样，永远记着您的微笑。"

伊丽莎白·唐莉顿时热泪盈眶，她把这封信读了一遍又一遍，似乎看到儿子就在自己的身边，用那双炽热的眼睛望着她，关切地问："亲爱的妈妈，您为什么不按照您教导我的那样去做呢？"

"告别痛苦的手只能由自己来挥动，我应该像儿子所说的那样，继续顽强地生活下去。我没有起死回生的神力改变现实，但我有能力继续生活下去。"伊丽莎白·唐莉一再对自己这样说，并打消了背井离乡的念头。后来，她打起精神开始写作，以《用微笑把痛苦埋葬》一书闻名。

人们常说："上天为你关上了一扇门，但是他却会为你打开一扇窗。"就像故事里的主人公伊丽莎白·唐莉一样，残酷的命运夺走了她的儿子，让她痛不欲生，但当她鼓起勇气走出阴霾，坦然面对这一切时，人生便重新燃起了新的希望，她继续勇敢向前，在事业上取得了傲人的成就。

由此可见，失意的时候，我们不必回头，无须为自己的伤痛苦恼，要坦然地面对一切，任由风吹雨打。要相信，只有勇敢向前，我们才能苦尽甘来，守得云开见月明，迎来幸福的那一刻。

让我们记住普希金所说的吧："这一切终将过去，都将变成亲切的回忆。这一切，只不过是黎明前的黑暗，是历史上的一页。虽然我们身处黑暗，但是黎明总要播撒光明，历史也要翻开新的一页。现在的一切都将过去，而未来是搁笔待写的空白，需要我们去填写。"

眼睛长在前方，不是为了让我们缅怀后方的风景，而是为了让我们看清前方的道路，为了让我们谱写美好的未来。在人生道路上，我们可以转身，但永远没有必要回头，一路勇敢向前，才能抵达幸福的终点，才能让人生这场自助游充满惊喜、充满欢乐！

步骤 3. 放下过去的"包袱"，让自己轻装上阵

准备行囊是旅行的关键步骤，必需物品不能忘，多余物品不要带，不要让沉重的行囊成为阻挡自由步伐的障碍。

人生就像是一艘航行在汪洋中的客船，在我们航行的时候，每到一个港湾都会有新的旅客上船，而同时也会有一些到站的旅客下船。但是，如果船上的旅客只上不下，很快客船就会因为超载而不得不放慢航行速度，甚至还有可能面临因不堪重负而沉船的危险，如此又怎能顺利到达彼岸呢？

我们的人生何尝不是如此，在人生的旅程中，如果我们总是想着从生活中拾起一些东西，又不舍得放弃一些东西，那么背负在肩膀上的包袱必然越来越重，前进的阻力也就越来越大，到最后我们的身心都会不堪重负，无法抵达通往幸福的终点站。

曾经有一位年轻人，背着一个十分沉重的包袱，不远万里到智慧之城，向最有智慧的智者寻求解脱之道，皇天不负有心人，他如愿以偿地见到了智者。他悲伤地对智者说："智者啊，听说您是这个世界上最有智慧的人，那么请求你帮帮我吧！我是那么疲惫，感觉疲惫到了极点，鞋破了，嗓子哑了，手脚受伤了，我到底该如何是好啊？"

智者说："你把包袱放下来，慢慢说。"

年轻人说："那怎么么能行呢？它对我可重要了。里面有我每一次跌倒时的痛苦，有我每一次受伤时的眼泪，还有我每一次孤寂时的烦恼，多亏了它们才能让我坚持到现在，我才能走到您这儿来。"

智者听完后将年轻人带到河水很深的河边，并且和年轻人一同砍了一棵树，之后放进了河里。他们踩着树过了河，上岸之后，智者说："你扛着树，赶路去吧！"

年轻人非常诧异地说："那怎么行呢？它那么沉，我怎么能扛得动。"

智者笑了笑说："你觉得树很沉，难道你的包袱就不沉吗？你背着它能不累吗？有些东西也许开始对我们有用，但是当我们闯过难关了，如果一直不肯放下它，久而久之，那么它会变成我们的包袱。就像痛苦、孤独、寂寞、灾难、眼泪等，都是曾经对我们有用的，能使我们的生命得到升华的，但是，如果时间已经过去，事情也已经得到解决，我们还一直对它们念念不忘，那么就会成为我们的包袱，这就是痛苦的根源。"

听完智者的话，年轻人决定放下包袱继续赶路，这时他发现自己心里像扔掉一块石头一样轻松了很多，步子也比以前快了很多。他终于明白了，原来放下过去的包袱会让自己的生活更加轻松。

幸福是每个人都渴望抵达的目的地。但遗憾的是，很多人在出发之前，就为自己准备了过于沉重的行囊，让漫漫旅途变得举步维艰，还未来得及坐上通往幸福的列车，便已是筋疲力尽，劳顿不堪。故事中这位年轻人正是因为不懂得如何忘记每一次跌倒时的痛苦，每一次受伤后的哭泣，每一次孤寂时的烦恼……才导致了内心的郁积，而当他懂得卸下过去的包袱时，自然也便能够在通往幸福的人生道路上轻装前行了。

也许，很多人会笑话年轻人起初的愚昧和无知，然而在生活中，又有多少人不是如此呢？扪心自问，你是否曾因为一些东西难以取舍，而使它成了人生的负担？你是否曾有一些痛苦不能忘怀，而使它成了前进路上的绊脚石？放下吧，唯有将不舍变为舍得，我们才能轻松上路，大步走向下一站的幸福。

生命是一段旅程，如果你希望这唯一的旅程是快乐和幸福的，那么就请学会放下过去的包袱，丢弃那些旧的恐惧、旧的束缚和旧的创伤，放下任何不值得背负的东西。

要知道，天使之所以能够在高空中飞翔，是因为她有双轻盈的翅膀。当她的翅膀系上多余的包袱，那可能就飞不远了。我们也是如此，只有放下过去的事情，才能让一颗自由之心越过尘世，在广袤的天地间翱翔……

彭晓是个护士，不但人长得漂亮，还非常善解人意。但由于性格太内向，以致过了而立之年都没有找到合适的男朋友。同事们都纷纷劝她多出去交际，这样才更有机会找到自己的白马王子，于是她参加了舞蹈社团。

在舞蹈社团里，彭晓认识了男舞蹈老师邓辉。邓辉身材一流，舞技超群，一举一动都能使彭晓感到小鹿乱撞的心动，彭晓知道，自己陷入爱河了。但是，当彭晓向邓辉表白的时候，邓辉却拒绝了她，并且告诉她自己已经有了家室，他们是不可能的，也不会有什么未来。

邓辉的拒绝让彭晓痛苦万分，自此，她开始变得不平、愤懑、幽怨，她将自己锁在房间里，整日哭哭啼啼。当有朋友前来看望她时，她总是一边哭泣着，一边不停地问朋友们："为什么他已经有妻子了，为什么我们没有缘分？"

每当此时，朋友们便会开导她："既然你们已经不可能，就不要让自己总纠缠在昨天的回忆中，你应该走出并清空心灵的阴影，涉足新的感情世界，这样才能活出一份新鲜和明丽。"

在朋友们的开导和帮助下，经过一段时间的调整，彭晓终于将那份感情放下了，并开始接触新的世界、新的人群。后来她发现，当清除过去的烦恼和痛苦时，内心便会感到轻松、自在，最终她的美丽和善良吸引了一位优秀男士，两人喜结连理。

失恋是一件很痛苦的事情，但也是每个人都可能遇到，可能经历的事情。失恋让彭晓变得痛苦，变得怨愤，甚至让她的生活失去了光彩。但当她终于想开，终于放下的时候，她却突然之间发现，原来真正让自己失去幸福和希望的，不是邓辉的拒绝，而是自己那颗纠缠的心。

人的一生中总会经历很多事情，其中有快乐也有悲伤。愚蠢的人总是习惯钻牛角尖，纠缠于过去的痛苦，紧闭心门，把未来的幸福拒之门外。而聪明的人则懂得将那些不愉快的事情忘记，将用不着的东西过滤掉，也只有这样，才能避免过去成为劳累身心的包袱，才能为未来的幸福腾出空间。

因此，如果我们想轻松自在地踏上人生旅程，抵达幸福终点，那么就要懂得在人生的各个阶段定期检查自己的背包，舍弃那些没用的东西，使自己的包袱在能承受的范围内找到平衡而不会加重。

步骤4.曾经的光环，如今的"绊脚石"

旅行中，总会有些风景让我们流连忘返，但千万不要让这种美好成为前进步伐的牵绊，以致错过下一站的精彩。

在过去某一块土地上，无论曾经盛开过多么绚丽的花朵，也无论曾经结出过多么丰硕的果实。当我们收获之后，都要将地上的一切东西清理干净，并将土地重新翻过，播上种子，以期待来年的大丰收。

人生也是一样，无论我们曾经获得过多么伟大的成功，也无论我们曾经得到过多少荣誉和鲜花。要想开创未来的幸福，就必须懂得在成功面前保持冷静，在鲜花和掌声中戒骄戒躁，只有摘掉过去的光环，才能以平常心踏步向前，开创更美好的未来。

时间在流逝，昨天只能代表过去，昨天的荣辱都已经成为历史，过分留恋曾经的光环，只会让我们不断失去今天，最终失去未来。过去的成功会成为人生中美好而光辉的印记，但也可能会因我们的留恋而成为通往幸福道路上的绊脚石、痛苦的罪魁祸首。

舒畅的过去非常辉煌，拥有一个又一个荣誉证书，一直是父母的骄傲，而舒畅自己也因为这些荣誉而沾沾自喜。在一个星期六的晚上，父亲在家里请客吃饭，客人除了很多舒畅熟悉的朋友之外，还有一些生面孔。

陌生客人的到来并没有让舒畅感到任何一丝拘谨，相反，她还特别喜欢这种场面，甚至还有一些渴望，因为每一次父亲都会献宝一般地向朋友炫耀，炫耀自己是多么的聪明能干，炫耀自己曾经获得过多少鲜花和荣誉，舒畅不想失去任何一个可以让自己"扬名立石"的机会。

当父亲和朋友们觥筹交错、谈兴正浓的时候，舒畅知道是时候轮到自己上场了。果然，父亲开始自豪地把这个引以为豪的女儿介绍给众人："我只有一个女儿，但我这个女儿可了不起，曾经获得过很多的荣誉。舒畅，去把你的证书拿来，给叔叔们看看。"

听到父亲的话，舒畅赶紧跑到书房，把早已经准备好的一整摞证书拿了过去，父亲接过证书，尽力地为女儿做宣传并乐此不疲地解说。父亲的朋友看到舒畅的证书都非常羡慕，纷纷发出由衷的赞叹，舒畅的虚荣心被推到了顶峰。

要知道，这可是舒畅最喜欢的环节——接受大家的赞美和艳羡的目光。就在这个时候，证书传到一位生面孔的叔叔手里，他若有所思地凝神看着。舒畅正满心期待地等着这位叔叔夸奖自己，却听他问道："这是你以前得的吧？"

舒畅点了点头。

那位叔叔平静地接着问道："那现在的呢？你得到了什么证书？"

舒畅一愣，沉默了许久才小声回答道："没有。"

听到舒畅的回答，那位叔叔意味深长地说道："小姑娘，过去的都已经过去，不要让过去的这些成绩困住你，你应该要把握现在呀！"

听到这话，舒畅并没有引以为鉴，反而非常恼火，甚至对这位陌生的叔叔产生了一丝憎恶。后来，因为一直沉浸在过去的成功里，舒畅越发不思进取，终于在一次考试中吃了大亏，被昔日的手下败将打得落花流水。

舒畅感到非常痛苦，在深深的挫败感中，她忽然又想起当时饭桌上唯一没有赞叹她的那位叔叔的话：过去的都已经过去，不要让过去的成绩困住你。自己今天的失败，不就是因为一直沉迷在过去的成就中吗？

不要以为头上的光环是我们幸福的标志，实际上，它是悬在我们头上的一把利剑，如果不懂得把它摘下来，那么它随时都有可能掉下来，要了我们的命。舒畅的过去是辉煌的，但正是这种辉煌，麻痹了她进取的欲望，蒙蔽了她明亮的双眼，让她在对过去成绩的留恋中忘记大步向前，终于导致后来的惨败。

过去的都已经过去了，所有的鲜花和荣誉也都随着时间的推移而成为过去，我们应该做的不是沉湎于记忆中的鲜花与掌声，而是要把握现在，开创未来。试想，当时如果舒畅听了那位叔叔的劝告，懂得自我反省，戒骄戒躁，那么她的光环很有可能会越来越大，人生也会愈来愈成功，愈来愈幸福。

一位知名的企业家经常这样告诫企业员工："企业最好的时候，常常是不好的开端；产品最走红的日子，很可能是滞销的开始。"此言极富哲理，最能阻挡人前行的，往往不是坎坷与崎岖，而是曾经的成功与光环。

在任何时候，成绩只能代表过去，光环也只能代表曾经，以往的一切与现在的我们已没有任何关系。只有走出成功的喜悦，摘掉过去的光环，让眼睛不断向前看，我们的生活才会充满阳光、充满希望、充满幸福。

在这一点上，"球王"贝利给我们做了很好的表率。

贝利是 20 世纪最伟大的足球明星之一，被许多球迷尊称为"球王"。在他二十多年的足球生涯中，总共参加过 1364 场比赛，共踢进 1282 个球，并且创造了一个队员在一场比赛中射进 8 个球的纪录。

贝利超凡的球技不仅令亿万观众如痴如醉，而且常常让球场上的对手拍手称绝。在他个人进球纪录满 1000 个时，有记者这样问他："在这 1000 个进球中，您认为自己哪个球踢得最好？"

贝利的回答耐人寻味，就像他的球艺一样精彩绝伦，他淡淡地回答："下一个。"

正是因为懂得摘下过去的光环，贝利才能一次次站在新的起跑线上，对未来充满憧憬和希望，从而创造足球场上一个又一个的奇迹。在漫长的人生道路上，我们都应该向贝利学习，无论翻过多少座山，无论看过多少美丽的风景，都应该把目光放在前方，看向"下一个"目标，"下一个"目的地，只有如此，我们才能不断提高，不断超越，创造更辉煌的未来。

人生的每一天都是一个新的起点，都是一片蓄势待写的空白。生命的辉煌需要不断进取、不断超越，过去的成功不代表今日的辉煌，昨天再美好也永远不会成为今天，不要把脚步停在过去，把握好今天，踏实奋进，去创造新的光环！

步骤 5.将苦难的考验，当作幸福的积分

旅途的艰难程度与目的地的美丽指数总是成正比的，最美的风景总是在最难到达的地方。

很多人都爬过山，越是难以攀登的高峰，就越是能让人感受到"会当凌绝顶"的震撼。同样地，在人生这场自助旅行中，越是充满艰难险阻的道路，所连接的目的地就越能让人感到流连忘返。在生活这条道路上，苦难就是幸福的积分，若我们遇到苦难就选择放弃，不再为自己的目标努力，那么虽然一时比较痛快，但却永远不可能享受到幸福的真谛。

俗话说"艰难困苦，玉汝于成"、"自古英雄多磨难，一帆风顺少伟男"，苦难是我们人生中的一笔财富，是流动于地底之火。它不但可以磨砺着我们的品格，还能让我们的思想得到升华。人只有先体会苦难，才能积累起幸福的资本，为人生开辟出一道壮丽的风景线，唯有尝遍"苦"方能真正品味"甘"的幸福。

古时候有个非常有名望的画家，他有个非常聪明的儿子，小小年纪就能画得一手好画，比同龄人强出不知多少倍，是当地有名的小神童。在别人眼中，画家的儿子已经非常优秀了，但这名画家却依然对他十分严厉，每天天不亮就督促他开始读书作画。

有一天，太阳已经爬得很高了，可是儿子仍然没有起床到书房读书作画，画家感到很奇怪，便到了儿子房中，只见儿子躺在床上呼呼大睡，房间的地上则散乱着许多画作。画家非常生气，大声质问儿子："你不赶紧起床读书，还把画作胡乱丢在地上，是想要干什么？"

儿子睁开眼睛，看着震怒的画家，委屈地说道："这满地的画作不过是我这一个月的功课，换作是别人家的孩子，一年怕是都不用画这么多！"

听到儿子的话，画家顿时明白了，想了想说道："昨夜下了一场雨，我们到外面走走吧！"于是，画家带着儿子走出家门，眼前是一段黄土坡，路面由于昨夜被雨水浸泡，现在变得泥泞不堪。

画家望着前面的路沉默不语，儿子不明白父亲葫芦里卖的什么药，也只得默不作声。过了一会儿，画家开口道："儿子，我问你，你是愿意一辈子碌碌无为呢，还是要做一个有大作为的人？"

"我不愿意一辈子碌碌无为"，儿子看着画家的眼睛说："我要做和父亲您一样的大画家！"

画家摸了一下花白的胡须，又问："昨天你是不是从这条路上走过？"

儿子回答说："嗯，是的！"

画家接着问："那你还能找到自己的脚印吗？"

儿子挠了挠脑袋说："不能，昨天白天没有下雨，这条路又干又硬。"

画家又问："今天我们要是在这条路上走一趟，你还能找到自己的脚印吗？"

儿子回答："当然能了！"

画家听后，拍了拍儿子的肩膀，说道："只有泥泞的路才能留下脚印，世上所有的事情莫不如此啊！"

儿子细想一下，恍然大悟地说："要想有大作为，就要经历比别人更多的磨砺，就像一双脚踩在泥泞的地面上，只有这样，才能留下无法磨灭的足迹。"

花儿要想获得美丽，其种子必先要钻进坚硬的泥土；小鸟要想锤炼出凌空的翅膀、飞翔得更高，必然要几经起落，失去无数羽毛；天空要想拥有绚烂彩虹，必须要经历一番风雨……而画家在成为画家之前，必定也曾经历无数磨炼。

由此可见，苦难并非我们的敌人而是恩人。在苦难面前，如果我们懦弱认命，那么苦难就是毁灭我们的利器。假如我们耐心地经受苦难洗礼，那么苦难就是在为我们的幸福积分，终有一天我们会踏上幸福生活的阶梯。

诗人泰戈尔曾说过："上天完全是为了坚强我们的意志，才在我们的道路上设下重重的障碍。"许多人之所以伟大，是因为他们能够从容淡定地承受苦难，而最好的才干往往是从烈火中冶炼出来的。

世界大文豪巴尔扎克听从父亲的意愿做了法律系一名大学生。大学毕业后，他觉得自己完全可以在文学方面做得更出色，于是放弃了父亲的安排，毅然拿起笔搞写作。为此，他的父亲很生气，父子关系变得异常紧张。

不久，恼怒的父亲不再向巴尔扎克提供任何生活费用，而在 1825~1828 年期间，巴尔扎克写的那些作品又不断被退回来。之后，他先后从事出版业和印刷业，但皆以失败告终。为此他陷入了困境，开始负债累累。

最困难的时候，巴尔扎克只能吃点干面包喝点白开水。不过他挺乐观，每到就餐的时候，便在桌子上画一个个盘子，上面写着"香肠"、"火腿"、"奶酪"、"牛排"等字样，然后在想象的美味里狼吞虎咽。

有天夜里，一个小偷溜进了巴尔扎克的房间，在书桌里乱摸。巴尔扎克被响声惊醒，悄悄地爬起来点亮灯，十分平静地说："亲爱的，别找了，我白天在书桌里都不能找到钱，何况现在天已经黑了，更别想找到了。"

尽管生活如此贫困，巴尔扎克还是没有放弃努力，把全部的心思都放在了写作上。"苦难对天才是一块垫脚石，对能干的人是一笔财富，对弱者是一个万丈深渊。"巴尔扎克用这句气壮山河的话表达了自己内心的自信，也正是这句话支持着他昂首前进。

在这段艰难的日子里，巴尔扎克竟然破费700法郎买了一根镶着玛瑙石的粗大手杖，并在手杖上刻了一行字：我将粉碎一切障碍。后来的事实证明，他的确是一个天才——最后成为法国现实主义文学成就最高者之一。

苦难是一笔财富，亦是最好的老师，这笔财富属于自己，别人既偷不走，也学不到。我们每经历一次苦难，就是一次认知水平的提高，就是一次人生阅历的丰富。苦难让我们开阔视野，明白事理，懂得人生。

宝剑锋从磨砺出，梅花香自苦寒来。只有经历痛苦，我们才能更加懂得怎样去创造快乐；只有经历失去，我们才能更加懂得拥有；只有经历病残，我们才能更加懂得健康的可贵。最美丽的风景，永远都藏在最艰险的道路背后，在人生这场旅行中，越是舒适的旅途便只有越是平庸的风景，唯有跨越坎坷与崎岖，才能看到别人所看不到的壮丽。总之，我们的幸福，都得归功于曾经所受到的苦难。

直面苦难，享受苦难，走出苦难，耐心地为幸福做积分！

步骤 6. 记住该记住的，忘记该忘记的

人们喜欢翻看旅行相册，是因为它只记录下旅行中的欢声笑语。

宋代无门禅有首诗偈：春有百花秋有月，夏有凉风冬有雪，若无闲事挂心头，便是人间好时节。人生不如意十之八九，要想让自己快乐，就必须学会给自己减压，而减压的好方法就是学会忘记。

人生很多时候需要拿得起，但更多时候我们需要学会的，是"放得下"。心灵的空间是有限的，必须时时精减，才能腾出位置，容纳更多的幸福。因此，在生活中，我们应该记住该记住的，忘记该忘记的，如此才能走出过去的伤痛，拥抱未来的幸福，记忆之舟也才不会因超载而面临沉没。

印度诗人泰戈尔说："如果你因为失去太阳而哭泣，那么你也将失去星星。"是的，在生活中，如果我们总是为一些鸡毛蒜皮的小事而斤斤计较，为那些陈芝麻烂谷子的事情而耿耿于怀，那么心灵之船如

何能承担重负，美好的未来如何能攫于手中！

　　人的一生，孜孜以求的不过就是两个字——幸福。幸福很难，但同时也很简单。人遇到开心的事，就会感到幸福，反之，遇到难过的事，就会感觉不幸。人生中不可能遇到的每件事都是好事，也不可能遇到的每件事都是坏事，我们无法控制命运的安排，但我们却能选择记住什么，忘记什么。不幸福的人往往不是不懂珍惜拥有，而是久久不能学会忘怀，从而让不幸与悲痛占据了心灵的空间。幸福的人必然是善于忘怀的人，当你能够忘记过去别人对自己的伤害，忘记过去失意时的尴尬和窘迫，你的内心才可能获得平静，也才能重新鼓起面对生活的勇气，让希望的阳光填满心房。

　　一位德高望重的先生带着自己的弟子四处讲学，一天，他们在半路上看到一个妇人，坐在半山腰的石阶上哭泣。

　　先生便走上前去问那妇人："请问发生什么事情了？为何你要在此哭泣啊？"

　　妇人回答说："小女子住在山脚下，刚从山上的寺庙许愿回来，在下山的路上，一不小心崴了脚，走不了路了"。

　　于是先生便说道："那我背你下山吧？"

　　妇人停止了哭泣，感激地说道："那就有劳先生了。"

　　于是，先生背着妇人下了山，而待在一旁的弟子则气得不轻，非常不情愿地跟在他们后面。很快，他们就把那名妇人送回了家，那名妇人千恩万谢，先生和她寒暄几句后就带着弟子离开了。

　　在回去的路上，弟子一直耿耿于怀，正所谓"男女授受不亲"，先生读的是圣贤书，怎么能和陌生女子有如此亲近的举动呢？这不是有违他一直以来的教导吗。但由于害怕先生生气，弟子虽然心有不满，却一直憋着没说。

过了半天，弟子实在憋不住了，便问先生："先生，我憋了半天了，实在受不了了，你一直都教导我们要知书达理，正所谓男女授受不亲，可你刚才却又为何背了那名女子，这不是有违礼法吗？"

先生听完，笑着说："人生在世，就应该忘记该忘记的，我连十分钟之前说的话都忘了，就更别提背女人那件事了。这都半天了，你怎么还忘不掉呢？"

很显然，故事中的先生境界要比弟子高很多。先生以平常心帮人，虽然背了女子下山，但心中却坦坦荡荡，从未将此事放于心上。可弟子呢，非但没有忘记先生背女人的事，反而为这点事纠结了半天，这不是自寻烦恼吗？人生在世，就应该如先生所说的那般，忘记该忘记的，放下该放下的，这样才能腾出更多的空间与时间去记下更有意义的东西。

每个人的生活中，都有诸多不如意，以及那些别人所不能明了的苦楚。生活的穷困，婚姻的挫折，亲戚朋友的背叛……如果我们总是为此而耿耿于怀，终日郁郁寡欢，那么生活还有什么意义呢？我们又怎么赢取幸福呢？

人生的背囊是有限的，放满了痛苦，又怎么有空间容纳幸福呢？学着记住该记住的，忘记该忘记的吧！

那么，什么是应该忘记的事情呢？答案不一而足，但无非是人生中的挫折不幸、名利得失、岁月伤痕，还有别人对我们的伤害、过时观念、流言蜚语以及种种烦恼等。

在《红楼梦》的开篇有这样一首诗："世人都晓神仙好，唯有功名忘不了；古今将相在何方？荒冢一堆草没了。世人都晓神仙好，只有金银忘不了；终朝只恨聚无多，及到多时眼闭了。世人都晓神仙好，唯有娇妻忘不了；君生日日说恩情，君死又随人去了。世人都晓神仙好，只有儿孙忘不了；痴心父母古来多，孝顺儿孙谁见了!"

我们总是羡慕神仙的潇洒，总是向往神仙般的生活，但是我们不知道，神仙之所以幸福快乐，是因为他们什么都能够忘记。如果我们可以忘记烦恼，保持随缘常乐的状态，那么我们的生活也能像神仙一样幸福快乐。

所以，我们不要总是生活在过去，记住该记住的，忘记该忘记的，只有活得潇洒自在，我们才能拥有幸福人生。

步骤 7. 把身后的门随手关上

正式踏上旅途之前，记得关好身后的门，确保切断从前的烦扰，才能全心享受未来的惊喜。

每个人都有过这样的体验：一出门就担心窗户关好没，煤气关好没，门锁好没……诸如此类的问题。如果是去旅行，在这样的担忧下，再美的风景恐怕都无心欣赏了。因此，想要无后顾之忧地享受旅行带来的快乐，在踏上旅途之前，一定要记得，把身后的门随手关上。

在人生的旅途中，每一个阶段都会有这样一道需要我们随手关上的门，门的那头是"曾经"。曾经，我们犯过这样那样的错误；曾经，我们有过这样那样的辉煌；曾经，我们经历了这样那样的痛苦；曾经，我们拥有过这样那样的幸福……每个人都有"曾经"，但"曾经"已经过去，对也好，错也罢，我们根本不必耿耿于怀，只有将"曾经"的门关上，把每个今天都当成一张白纸，我们才能尽情挥毫，书写精彩。

在现实生活中，我们周围不乏这样一些人，他们总是纠结于过去的错误，不肯原谅自己或者别人，结果把宝贵生命白白浪费在了埋怨和痛恨里，用过去的错误惩罚了今天的自己，绊住了原本可以拥有无限可能的今天和明天。

昨天无论是痛苦还是美好都已经过去，如同水中倒影一般，再清晰再深刻，也不可能用手抓住。只有今天，才是实实在在握在我们手中的画笔，才能清清楚楚书写我们的未来。

茉莉是一个非常漂亮可爱的姑娘，最近她交了一个男朋友。小伙子各个方面都很优秀，大家都夸他们说："这两个人真是郎才女貌、天作之合。"可是最近茉莉却一点也不高兴，总是一副心不在焉的样子。

见此，表姐很是担心，便问茉莉怎么了，是不是有什么心事。茉莉支支吾吾地不肯说，在表姐的再三追问下，茉莉终于开了口："昨天，我男朋友向我求婚了，可我不知道该怎么办，没有答应他。"

表姐不理解地问："这是好事啊，你怎么不答应他啊？"

茉莉的脸立刻就红了，说："我不能答应她，那是因为我过去……"

表姐着急地问道："过去，过去怎么了？"

茉莉的脸更红了，吞吞吐吐地说："我过去曾经有过一个男朋友，当时我们很相爱，就偷吃了禁果。现在我们分手了，可是这件事情一直困扰着我。虽然我很爱现在的男朋友，但是当他向我求婚时，我却不知道该怎么办，更不知道该怎么和他说，要是没有那件事该多好啊！"说完，茉莉泪流满面。

人们常说："人非圣贤，孰能无过。"每个人的一生都会遇到这样或者那样的问题，也都会犯下这样或者那样的错误。但时间犹如白驹过隙，过去的事情已经无法弥补。像茉莉这样，总是执着于过去的错误，没有勇气面对新的生活，当幸福向她走来的时候，又不敢去迎接，那么又怎么会拥有幸福和快乐呢？

追悔过去，给我们带来的只有无奈和痛苦。这就像还没有经过审判的犯罪嫌疑人一样，没有经过法庭的审理，不知道结果如何，自己就给自己判了死刑。如此，就等于失掉现在，而失掉现在，又怎么会有未来呢？

所以，过去的事情已经成为历史，即使你再懊悔，也不可能重新来过，那么我们又何苦难为自己呢！不如随手关上身后的门，学会坦然面对现实，积极地迎接新的未来，如此才能找到新的幸福。

一次，英国前首相劳合·乔治和他的朋友在院子里散步，每经过一扇门，乔治就随手把门关上。朋友们看到他这个举动非常纳闷，就问乔治："你没有必要把这些门都关上啊？"

乔治摇摇头说："非常有必要，因为我这一生都在关我身后的门。你想啊，当你关门时，也就将过去的一切不管是美好的还是不美好的，不管是让你高兴的还是让你后悔的统统留到外面，如此才会有一个新的开始啊！"

朋友听后，陷入了沉思：昨天的一切都被留在门外，留在门里的则是一张白纸，一个没有任何记录的人生，这样无论过去的成功或是失败都已不再重要。而乔治不正是凭着这种精神一步步走向成功，踏上了英国首相的位置吗？

幸福的人之所以幸福，是因为他们知道眼睛是长在前面的，是要人们朝前看的。人生总会有很多遗憾，而他们总是会随手关上身后的门，忘记过去的错误、失误，不沉湎于懊恼、后悔之中。

美国好莱坞著名演员卡尔·马尔登曾说过："人的一生不会一帆风顺，世上也不存在十全十美的人。如果始终念念不忘过去的失败和错误，进而错过许多生活乐趣，那么真是太可惜了。人生就是一个不断放弃，又不断创新的过程，忘记过去的错误是一种智慧的人生态度。只有忘记过去，才能破茧成蝶，迎接新生。"

今天是一切的开始，是搁笔待写的希望，是值得奋斗的幸福。勇敢面对过去，忘记过去，不要让昨天的错误成为今天的包袱，成为追求幸福的绊脚石。只要做到这些，人生篇章里的每一篇都会是幸福的。

老张是一名古董爱好者，收藏古董几乎到了如痴如醉的地步，他的家堪比一个古董店。尽管如此，老张每次碰到中意的古董，哪怕无力购买，还是会想尽一切办法得到。

这天，老张在古董市场上花大价钱买下一件自己向往已久的青花瓷盆，他把这件宝贝绑在自行车后座上，高高兴兴地骑车回家了。谁知，走到半路，突然听到"哐当"一声，青花瓷盆从自行车座上滑落下来摔得粉碎。

后面骑车的路人赶紧停了下来，以为老张肯定会从自行车上跳下来，对着已经化为碎片的瓷瓶扼腕痛惜。然而让人意想不到的是，老张连头也没回，继续向前骑去。有个路人以为他不知道，便大声喊道："老人家，你的瓷盆摔碎了！"

老张就如没听见一般，仍然向前骑驶。

这个路人很是纳闷，于是就赶上前问道："我说你的瓷盆摔碎了，你没听见啊？"

"听到了"，老张侧身和路人笑着说，"刚才听声音就知道瓷盆一定摔得粉碎了，不过我回头看一看又有什么用呢！再怎么呼天抢地，瓷盆还是不会复原的，那我干吗还要费这个力气呢？再说天快黑了，我家离这儿挺远的，还是赶路吧！"

青花瓷盆是老张的最爱，按常理来说，它不幸摔碎，老张势必痛心疾首，耿耿于怀，甚至捧着碎片大哭一场都是可以理解的。但老张并没有那么做，他甚至都不曾回头看一眼。这并不是因为老张已经不紧张，不喜欢那个青花瓷盆了，而是因为他明白，已经发生的事情便不可挽回，不管他多么懊悔、多么痛苦，也不可能让摔碎的瓷盆恢复原貌，反而可能耽搁他回家的时间。

再珍贵的东西，失去了便是失去了，没有了便是没有了，你的痛苦、悲伤、懊悔，除了雪上加霜之外，不能挽回任何东西。人生每个阶段都会有一道门，门的后面可能是珍贵的回忆，也可能是无法弥补的遗憾，不管是什么，它们都不过是我们人生道路上的一道印记罢了。而只有将身后的门关上，我们才能真正洒脱地走向明天，走向未来，去寻找下一站的幸福。

我们不必耿耿于怀过去的好与坏，因为这些都已是过去。只有忘记昨天的错误和悲伤，我们才能以崭新的面貌去迎接今天的挑战，去寻找属于今天的幸福。

第二章
幸福的护照：不再苛求，不再纠结

不赶着去哪里，不急着去获得什么，

不想着要去征服谁，生命因此开始从容。

申请资格 1. 不苛求，不苛刻

放弃对完美的执着，才能获得购买通往幸福车票的资格。

正所谓："金无足赤，人无完人。"世界上没有一个人是完美的，每个人总会有这样或者那样的瑕疵。如果我们总是费尽心机地去追求完美，到最后肯定会让自己更加痛苦。

在非洲茫茫的大草原上，有一头名叫迪奥的狮子。它在很小的时候就立下雄心壮志，要成为一头最优秀、最完美的狮子。随着身体的不断长大，迪奥在其他动物眼里已经非常优秀了，大家都认为它将成为一个非常不错的丛林之王。

可是，迪奥仍然不满足，因为狮子都有一个明显的弱点，那就是耐力非常差。而正是因为这个原因，在捕猎的过程中，迪奥有好几次败给了羚羊，让美味从嘴边溜走了。

追求完美的迪奥不能容忍自己有这样的缺陷，它下定决心要改正这个缺点。于是，它决定偷偷向羚羊学习长跑技能。通过一段时间的暗察，迪奥总结出一大"心得"：羚羊之所以会有耐力是因为长期吃草的原因。

为了增强自己的奔跑耐力，迪奥开始学羚羊吃起草来。但显然，身为食肉动物的迪奥并不能从吃青草中获得奔跑耐力，没过多久，迪奥因一直吃草变得体力空虚，甚至连生命都岌岌可危。

母亲知道了迪奥的做法，对它说道："狮子之所以成为草原之王，不是因为它完美，而是因为它有突出的观察力、优异的爆发力、锋利的牙齿和准确的扑咬动作等。在这个世界上，完美的事物是不存在的，我们应该做的是发挥我们的优势，而不是让自己变得完美，否则只能让自己更加痛苦。"

听了母亲的话，迪奥认识到了自己的错误，它不再把心思放在如何使自己更完美上，而是尽力去发挥自己的优点。三年后，迪奥成了那片草原中最优秀的狮子。

对自己有要求，能够推动自己不断进步，变得更加优秀，但如果过分苛求完美，则反而会让自己陷入没有尽头的痛苦，因为在这个世界上，根本没有所谓的完美事物。就像狮子迪奥一样，它渴望成为一头优秀的狮子，这种渴望促使它不断努力，不断拼搏，在一定程度上变得更加优秀。而对完美的苛求则让它失去理智，甚至想要违背大自然的规律，挑战狮子与生俱来的"弱点"，结果险些把自己的生命搭了进去。

在生活中，我们又何尝不是如此，不能容忍一点瑕疵，总是期待自己能够完美无缺。为了追求完美，不惜大费周章地去弥补缺陷，结果非但没有把事情办好，反而把自己弄得筋疲力尽。这样一来，我们又怎么会幸福呢？

要知道，上天吝啬得很，他决不肯把所有的好处都给一个人。给了你美貌，就不肯给你智慧；给了你金钱，就不肯给你健康；给了你天才，就一定要搭配点苦难……人生是否幸福，与你的长相、家庭背景、工作单位、财产状况等并没有太多关系，有最多关系的是你能否接受不完美的自己。

她的出身很平凡，但一直渴望成为明星。可惜，在外人看来，她并不具备成为明星的条件，不单长了一张不美的大嘴，而且还有一口滑稽的龅牙。第一次在夜总会登台演出的时候，她刻意用自己的上唇掩饰牙齿，希望别人不会注意到她的龅牙而是专心听她唱歌。但实际上，她的不自然掩饰反而更加突出了她的缺陷，台下的观众看着她滑稽的样子，不禁都哈哈大笑起来。

下台后，一位观众对她说："我很欣赏你的歌唱才华，也知道你刚刚在台上想要掩饰什么，你是怕别人嘲笑你的龅牙对吗？"她听后一脸尴尬。接着，这个观众又说："龅牙怎么了？你没有发现因为它你才与众不同吗？别再为此自卑了，尽情去展现你的才华吧。也许，你的牙齿还能够给你带来好运呢！"

听了这位观众的话，她从此不再自卑自己的龅牙，唱歌的时候她总是尽情地张开嘴巴，把所有的精力都置于歌声中。最后，她的名字——凯茜·桃莉享誉了电影和广播界，甚至很多人都迷上了她那看起来非常亲切的龅牙。

凯茜·桃莉能够广受欢迎、获得幸福的人生真的是龅牙带来的好运吗？谁都知道这是玩笑话。龅牙确实是凯茜·桃莉的缺陷，但当她不再过多地关注自己的龅牙，不再苛求完美，而是学着欣赏自己的美丽，并大方展现自我时，人们反而不再关注她的缺点，而是真正被她的才华所打动了。

尺有所短，寸有所长，十全十美的东西是不存在的。我们应该做的是，允许不完美的存在，允许瑕疵的存在。只有不再抱怨自己的缺陷，尽量将自己的优点全部发挥出来，我们的生活才会更加幸福。

不完美并不可怕，有时候不完美是最好的完美。有一句话说，这个世界上所有的缺陷与遗憾都是被上帝咬过一口的苹果。这样的比喻是何等新奇而幽默，又是何等从容淡定、豁达乐观。

它来自于一位盲人的故事：

有一个双目失明的人，从小便为自己这一缺陷而自卑不堪。每到夜深人静的时候，他总是躲起来偷偷哭泣，他悲观地认为自己这双眼睛从一开始就是不完美的，而且再也没有能力扭转。于是，他放弃了对人生的追求，成天浑浑噩噩地消磨时间。

他的这一思想并没有一直持续，一次偶然的机会让他彻底改变。

原来，这位盲人遇到了一位智者。智者对他说了这样一番话："世上每一个人都是被上帝咬过一口的苹果，我们都是有缺陷的人。有的人缺陷比较大，是因为上帝特别喜欢他的芬芳，所以就多咬了一些。"

听了智者的话，盲人犹如醍醐灌顶——原来不光是自己有缺陷，每个人都有不足啊！于是他的心情开朗起来，从此不再因失明而自卑，而是将这看作是上帝对自己的特别厚爱。他开始振作起来，重新接受命运的挑战。

后来，经过一番辛苦的努力，他成了远近闻名的优秀按摩师，为许多人解除了病痛的折磨。

人类历史上有太多的天才俊杰都"被上帝咬过了一口"，比如，失明的文学家弥尔顿，失聪的大音乐家贝多芬，不会说话的天才小提琴演奏家帕格尼尼……他们虽然都有缺陷，但这并不妨碍他们登上成功的巅峰，也从未阻挡他们追求幸福的脚步。

当你还执着于追求完美不肯放弃时，不妨想想"每个人都是被上帝咬了一口的苹果"这句话，正是由于上帝的特别喜爱，你的人生才被狠狠地"咬了一大口"。不完美是上苍送给你的礼物，接受这份礼物，你便能感到快乐幸福，而你的生活也将重新拥有明朗晴空。

申请资格 2. 只争优秀，不争第一

旅行中，如果你的目光只盯着远方未知的目的地，那么便会错过身边最美的风景，幸福其实在脚下，不在远方。

第一意味着鲜花和掌声，意味着荣誉和尊严，在实际生活中，有不少人把第一当成最大的荣耀，不甘落后、不甘平庸，总是要求自己为第一而奋斗，不断地追赶对手，奋力奔跑，一刻也无法让自己放松。

但是，你知道吗？世界上没有绝对的第一，当你翻越一座山峰时，总能再看见更高的山峰，第一的诱惑总在眼前，永远没有终结。这就像是一场没有目的地的长跑，你只能孜孜不倦地追赶，却永远无法冲过胜利的终点线。而在无穷无尽的追赶中，你将错过沿途的风景，生命也将可能变成一种劳役，毫无幸福感可言。哪怕你最终能够位居高处，会当凌绝顶，也要提心吊胆，时时刻刻担心别人的超越。假若日后有所下落，那么很可能导致心理失衡，在痛苦中无法自拔。

皮尔·卡丹就曾给年轻人这样的忠告：不要对自己不满意，更不要苛求自己，对自己要求太高。因为这种做法是非常不明智的，对自己要求太高不但不会对我们有任何的帮助，反而还会害了我们自己。

在小说《三国演义》中，东吴的青年才俊周瑜不但貌似潘安，而且还文武双全，号称东吴的"擎天白玉柱，架海紫金梁"。他位极人

臣，官拜东吴大都督，在东吴可谓是一人之下万人之上。

周瑜如此优秀，深受东吴孙家赏识，并委以重任。但是，就在蜀汉和东吴结盟的时候，他认识了蜀汉的诸葛亮。他发现诸葛亮比自己更深谋远虑，争强好胜之心让他开始不断提高对自己的要求，不管做什么事情都要与诸葛亮看齐，总是找机会要和诸葛亮一较高下。

可惜的是，在和诸葛亮较量的过程中，周瑜非但没能将诸葛亮打败，反而屡遭诸葛亮的戏弄。恼羞成怒的他对诸葛亮骤起杀心，甚至不惜破坏东吴和蜀汉的同盟。

但是，在交手的过程中，周瑜屡战屡败。诸葛亮知道他心高气傲，便用计"三气周瑜"。周瑜自知不如诸葛亮，但是又不甘心就这么败给他，在妒忌之火的煎熬中，周瑜对诸葛亮，甚至对命运的怨恨与日俱增。最后，在急火攻心之下，周瑜口吐鲜血，痛苦万分地感叹着："既生瑜，何生亮！"从此一病不起，郁郁而终，一代名将就这样结束了短暂的一生。

在旁人看来，周瑜绝对已经是人生赢家。论相貌，他胜似潘安；论名声，他威震东吴；论地位，他位极人臣；论才能，他也堪称经天纬地。他本身已经如此优秀，更携得如花美眷，人生可以说已经相当完满了。而诸葛亮呢，在智谋才学方面，他或许确实胜周瑜，但若是论综合条件，他未必比周瑜更成功。然而，正是那颗争强好胜之心，让周瑜眼中除了"第一"之外，再也看不见其他东西，以致最后还没来得及实现宏伟之志，便郁郁而终。其实，正所谓"人外有人天外有天，一山更比一山高"。我们又何必因为别人的某一方面比自己优秀而对自己盲目苛责呢？

在生活中，我们可以善待别人，可以允许别人技不如人，可是为什么就不能容忍自己的技不如人呢？我们都懂得放过别人，为什么却不懂得放过自己？试想，如果连我们都不爱自己，不欣赏自己，那么还指望谁爱我们，欣赏我们呢？

放松一点吧，每个人都有属于自己的人生，每个人眼中都能看到独特的风景，何必非要去艳羡别人，与别人攀比呢？我们都是和自己赛跑的人，人最大的敌人不是别人而是自己。我们没有必要和别人一比高下，而是应该学会完善自己，战胜自己，超越自己，努力让自己更优秀。因此，你不妨经常回头看看以前的自己，你的成绩比以前进步了吗？你的工作比过去更称心吗？你的生活比以前更美好吗？你的身体比过去健康吗？你的家庭关系比以前更和谐吗……只要今天的你比昨天的你更优秀，你就是人生的赢家。

他是某电视台著名的主持人，从一名平面媒体记者转行做电视节目主持人已经有十余年，也许他从没有想到自己可以在这个领域达到如此高度。

在一次访谈中，他曾说过这样一句话："第一是不靠谱的，随时都会更迭。"

"当然"，他补充道，"不争第一并不意味着不努力，只是不费尽心思去争第一！这就像长跑一样，长跑最后能取得很好成绩的人，不一定一开始就领跑，可是必须要让自己保持在这一方阵之中，比的是韧性和耐力。"

对一个做了很长时间电视节目的主持人来说，最重要的是能够时刻保持继续向前走的动力和勇气。这十几年来，他就一直以长跑选手来定位自己，不因一时荣誉而不知所以，也不因一时打击或挫折而如临深渊，扎实、坚定地跑好每一步，时刻调整好自己的节奏，最终获得了游刃有余的幸福人生。

既然我们都想拥有一个幸福的生活，那就应该放松对自己的要求，不对自己严加苛责。把心态放松，降低对自己的要求，不去和别人一比高下，怀着一种轻松的心态尽情地享受生活，这样的人生才是幸福的。要知道，人生不是比赛，而是一场旅行，收回紧盯远方的目光，才能将旅行中的美好尽收眼底，幸福并不在那未知的远方，而是一直在我们脚下。

申请资格 3. 学会人生的加法，还要学会人生的减法

人总是习惯于做加法，而不舍得做减法，殊不知，长此以往，必是生命所不能承受之重。

每到一个新的地方旅行，我们都习惯购买一些纪念品。但人生的旅途很漫长，纪念品的种类也十分繁多，而我们的背包却有既定的空间，我们的肩膀也有承重的极限，只有学会精简繁冗的欲望，才能保证生命的背包不超重，也才能让旅行的步伐一如既往，轻盈自由。

·

道理虽然简单，但真正做起来却非常困难，毕竟人最难掌控的，便是自己的欲望。生活在这个繁杂的世界上，人们总习惯于做很多的加法，为了赢得理想的事业，为了获得幸福的人生，每一个人都在拼命地追赶，不断地给自己加码。没钱的想有钱，有了钱想要更多的钱；想升职加薪，升职加薪后又想自己当老板……

但是，一个人的精力毕竟有限，并不是得到越多，我们就越幸福。不断地给自己加码，拥有的东西越多，相应地，我们身上的压力和责任也就越重，久而久之，就会成为心灵的负担，逐渐产生心有余力不足的感觉。

有这样一个很形象的比喻：人的心就像一桩新房子，刚搬进去的时候，都想着要把所有的家具和装饰摆在里面，最后却发现这个家摆得像胡同一样，反而没有了自己可以舒服待着的地方。

因此，在我们的人生中不应该只学会做人生的加法，还要学习做人生的减法。人的前期应该是用加法生活，后期则要学会用减法来精简。这一理论源自著名的美籍华裔数学家陈省身先生所提出的"数学人生法则"。

做好人生的减法，并不是要我们没有原则地一味放弃外在的物质，而是有选择、有目地剔除一些烦冗的事物，将自己从混乱无章的感觉中解脱出来，如此迈向成熟和成功的可能性就会越大，拥有的幸福也就会越多。

善于做减法是一种能力，在电视台任职的杨乐就是这样一位女人。

在众人眼中，杨乐绝对是一个成功的、有魅力的女人，在享受事业成功的同时，又有那么幸福、美满的家庭。杨乐的成功最重要的一点在于，她懂得平衡婚姻与事业，会做"人生加减法"。

在职业生涯的前 15 年，杨乐一直在做加法。做了主持人，她就请求导演能否让自己写台词；写了台词，她就问导演，自己可不可以做一次编辑；做完编辑就问主任，自己可不可以做一次制片人；做了制片人，她就想自己能不能同时负责几个节目；负责了几个节目后，她又想能不能办个频道。她就这样一直做加法，终于做到了创立欢乐卫视。

当事业正蒸蒸日上，如日中天时，杨乐突然又回到了原来的主持人工作，同时从事更多的社会公益方面的活动。很多人不理解，凭杨乐的知名度和影响力，其发展的潜力和空间依然很大，坚持下去必然还会有更大的成功，为何不乘势而上，再创人生辉煌呢？

对此，杨乐解释说："做完一系列的加法后，我觉得自己的生活变得不能自控，留给自己和家人的时间太少了。于是，我进行了冷静的思考，终于明白人生不可能什么都要。于是，我开始做减法，把自己定位于一个懂得市场规律的文化人，一个懂得与世界交流的文化人。如今，因为学会了减法，我的生活找到了平衡，也找到生活的幸福所在。"

在纷繁复杂的世界和物欲横流的社会，学会做人生的减法，并不意味着不思进取、消极遁世、慵懒沮丧、驻足不前，而是对自己重新进行整合，争取更长远的进步，以及更广阔、更持续的拥有。杨乐是聪慧的，她知道自己真正想要的是什么，也知道自己的生活重心应该放在什么地方。在别人看来，她放弃了辉煌的事业，而对于杨乐来说，她却收获了完满的人生。

在生活中，很多人正是因为看不清自己内心的渴望，不明白自己生活的方向，什么都不愿意放手，什么都不想失去，最终弄得自己筋疲力尽，什么都无法抓牢。学会人生中的加法是重要的，加法让我们拥有更多，但当做完一系列的加法后，我们必须学会去做人生的减法，为自己的心灵减轻负担，从而延缓心灵的老化速度，唯有如此，我们才能更好地去享受生活，更轻松地拥有幸福。

那么，什么是应该减去的呢？减去浪费时间和精力的争吵，减去没完没了的解释；减去失恋带来的痛楚，减去屈辱留下的仇恨；减去对权力的角逐，减去对金钱的贪欲，减去对名利的争夺……

作为一个作家、一个投资人和一个地产投资顾问，玛琳·拉里丝在这个领域努力奋斗了十几年，密密麻麻的日程安排塞满了她生活的每一分钟，令她的生活忙碌而紧张，整天情绪紧绷。终于有一天，她作出了一个决定：摒弃一些东西。

作出这个决定之后，玛琳·拉里丝开始着手列出一个清单，把需要从工作中删除的事情都排列出来，然后采取了一系列的"大清洗"行动：把堆积在桌子上的所有没用的杂志和信件全部清除，取消一大部分非必要的电话预约，接着打电话给一些朋友取消每周两次为了拓展人际关系的聚会。

通过这些有选择的减弃，玛琳·拉里丝忽然感觉到自己不再那么忙碌了，并且有了更多的时间陪伴家人，也有了更多的时间进行思考，由于睡眠时间充足，她的心态开始变得轻松起来，工作效率得到了很大的提高，身体状况也变得好了很多。

　　玛琳·拉里丝感叹道："从来没有像今天这个时代让人类拥有如此多的东西，这些年来我们也一直被诱导着，使得我们误认为自己需要拥有这一切的东西，而事实上很多东西都是生活的累赘。"

　　一个人的精力是有限的，拥有得越多不见得是一件好事情，不断地给自己加码，总有一天会成为心灵的负担。要想拥有幸福的人生，就需要简约一点，做好人生的"减法"，不断剔除那些令自己感到困扰和烦恼的东西，让人生的背包维持在一个平衡的重量范围内。

　　当减去那些纠结你的想法和事情之后，你才会发现，自己的心灵更容易平静下来，只有内心平和，每天才会有快乐和愉悦的心情。如此，你就可以把握人生的钥匙和成功的机遇，使得生活变得更加轻松、更加幸福。

申请资格 4. 宽容，对自己，也对别人

　　打开通往幸福的护照，你会发现上面写着八个大字："宽容别人，善待自己。"

　　人生在世，我们总会遇到这样或者那样的不如意，也总会遇到这样或者那样的人，他们总会在不经意间伤害到我们。这个时候，如果我们一味地苛求别人，把仇恨当作宝贝，那么生活就会变得非常辛苦。

在金庸的经典著作《神雕侠侣》中有过这么一段描述：

李莫愁，绰号"赤练仙子"。她倾心陆展元，不顾男女之嫌为其疗伤，更因不肯听师父立誓不离古墓的话而被逐出师门。她本想与陆展元共浴爱河，却没想到陆展元移情别恋，娶了另一位女子为妻。

李莫愁怀恨在心，处心积虑地想为自己的情感讨回个公道，想要亲手将那个薄情寡义的负心汉杀死以解心头之恨。于是她大开杀戒，不仅杀了陆展元全家，还杀害了很多无辜的人，因而双手沾满了鲜血，使得江湖中人对之闻风丧胆。

曾经沧海难为水，除却巫山不是云。一个期期艾艾令人动容的爱情故事，却因缺乏宽容而终成一段难解的孽缘。李莫愁，一个原本敢爱敢恨，美丽动人的女子，却因为不肯宽容昔日情人陆展元的背叛，而让仇恨蒙蔽了心智，从一个如花似玉的姑娘沦为人人唾弃的杀人魔头，让人见到她就吓得两腿发抖。别说和她交朋友了，就连和她说话都不敢。试想这样的人，又怎么可能得到幸福呢？

还有一个著名的例子。

美国著名的建筑大王凯迪和飞机大王克拉奇都是跻身于上流社会的名人。二人的关系很好，凯迪有一个女儿，而克拉奇有一个儿子，为了让关系延续下去，他们撮合子女成婚。但是两个年轻人的感情并不好，经常吵架。

天公不作美，令人震惊的事发生了：结婚没有多久，凯迪的女儿不幸惨遭杀害，而警方搜集来的证据都指向克拉奇的儿子。尽管克拉奇的儿子拒不承认自己的罪行，但法院还是判决其一级谋杀罪名成立，判处终身监禁。

克拉奇为了让凯迪去法院为自己的儿子说情，不让儿子老死在狱中，同时也为了弥补自己对凯迪的愧疚，就千方百计地补偿凯迪一家。但是凯迪一看到卡拉奇心就疼痛难忍，犹如一把钢刀插进心窝，整天埋怨自己看错了人，害了女儿，而克拉奇全家更是年年月月天天生活在自责中。

就这样，由于双方不能达成和解，仇恨无情地折磨他们，让他们的内心得不到片刻的平静。一年一年过去了，两家人从来没有真正笑过，没有觉得幸福过，在他们头顶上空总是笼罩着仇恨的阴霾。

20年之后，事情终于真相大白，凯迪女儿的死并不涉及善恶情仇，和卡拉奇的儿子无关。这件事在美国激起了轩然大波，面对记者的采访，凯迪和卡拉奇不约而同地说了同样的话："这20多年来，我们所受的折磨是永远无法补偿的。"

沧海桑田，悠悠岁月，仇恨让两个本来很要好的朋友成为敌人，并且互相折磨了20余年。仇恨夺走了他们太多的快乐，让他们在痛苦的深渊中苦苦煎熬，最终成了这个世界上受伤最大和最不幸的人。

与其说是卡拉奇家族伤害了凯迪家族，不如说是凯迪家族自己伤害了自己。试想，如果当初凯迪能够大度一点，忘记仇恨，原谅卡拉奇一家，又何致让仇恨折磨自己、折磨他人呢？

宽容是一缕阳光，照耀着自己，也照耀着别人的心房；宽容是一丝春雨，滋润着自己的心灵，也滋润着别人的心田；宽容是一粒种子，播种在自己的心里，也在别人的心里生根发芽。

别人对我们的伤害是微乎其微的，因为他们并不能真正伤害到我们。一切的伤害完全取决于我们的内心，是我们自己将事情想得过于严重，肆意将别人的伤害夸大，以致内心的痛苦增加。而宽容别人，正是获得平和心态的重要条件，也是获得幸福生活的不二法门。

因此，我们要想拥有一个幸福的人生，首先应该怀抱着一颗宽容的心。在面对日常一些不愉快的小事时，学会包容，学会大度，宽容别人的同时，实际上也是善待自己。当生活处处充满宽容的时候，无论自己还是周围的人都能够获得更多的幸福。

一场战争结束了，侵略者终于被赶出国土，人们成功保卫了自己的祖国。

当参与这场侵略战的士兵们一批批撤离之际，曾深受战乱折磨的人们站在道路两旁，看着这些昔日在自己故乡烧杀抢掠的魔鬼，眼中进射出仇恨的火焰。人们愤怒地呐喊着："这些魔鬼曾侵略我们的国家，破坏我们的家园，杀死我们的同胞，我们永远不会宽恕他们！"是的，想起那些所遭受过的痛苦与绝望，没有人不仇恨这些年轻而陌生的面孔，他们恨不得将这些士兵抽筋扒皮、挫骨扬灰！

正在这个时候，一个老太太拄着拐杖，颤颤巍巍地走向一个年轻的士兵，递过去两个硬邦邦的面包，难为情地解释道："不好意思，家里实在没什么吃的东西了，就只剩下这些，你拿着在路上将就吃点吧！"

年轻的士兵接过面包时，感动得热泪盈眶，跪倒在老人面前说：

"对不起，我破坏你的家园，杀死了你的儿子，我无法弥补我的过错，但是，从此以后，我就是你的儿子，我会像孝顺我的母亲一样孝顺您。"老太太点点头，微笑着扶起这位年轻的士兵，像对待自己的亲儿子一样为他整理了一番衣服。

事后，很多人都很不理解，他们问这个老人："这些魔鬼曾经那么残暴地对待我们，还把你的儿子杀死了，难道你都忘记了吗？你为什么还要给他送吃的呢？为什么要接受他成为你的儿子呢！"

这个老人说："我就是再恨他，我的儿子也不会复活，总是将仇恨放在那儿欣赏，那么真正伤害我最深的不是那个士兵，而是我自己。我不想成为伤害自己最深的人，所以我选择原谅他。"

战争给许多人带来了太多的痛苦和磨难，如果我们不学会宽容，让仇恨充满心灵，那么伤得最深的不是被恨的那个人，而是我们自己，是我们自己伤害了自己，让本来就已经千疮百孔的心更加支离破碎。

当那些遭受过痛苦与折磨的人充满仇恨地怒视曾经的施暴者们时，这位老人却选择了宽容，选择了原谅。她并非已经忘记曾经的苦难，而是为了放开怀抱，不让仇恨再一次将自己刺伤。她的宽容拯救了自己，同时也从心灵上拯救了那名曾经参与侵略战争的士兵。当一个人连仇恨都可以放下，可以融解时，她的心灵必然能够获得真正的平静，重新感受生活真正的幸福。

斯宾诺沙说过："人心不是靠武力征服，而是靠爱和宽容征服的。"只有宽容才能让我们心灵的伤口愈合，也只有宽容才能治疗别人心灵的伤痛。当我们以宽容的心去体谅别人，即使对方的心像冰一样也会被融化。

　　宽容是赢得别人支持和赢得友谊最好的武器。懂得宽容的人必然是一个幸福的人，是一个有大智慧的人。宽容别人就是在解脱自己，而当别人得到了我们的宽容之后，他们的灵魂也将得到拯救。宽容是人与人之间最温暖、最友好的桥梁，它能让友谊之树常青，让世界充满欢声笑语，让每个人都迎来心灵的自由与解脱，翱翔幸福的天空。

申请资格 5. 人因真实而幸福，做独一无二的自己

　　申办幸福护照，所提供的资料必须真实可靠，也唯有真实，才能敲开幸福的大门。

　　俗语有云："谁在背后不议人，谁人背后无人议。"在生活中，我们每一个人都难免会承受是非流言，也难免会遭人议论，有时甚至还会被人误解。这种时候，你会如何做呢？改变自己，还是坚持做自己？

　　在回答这个问题前，我们不妨先来看一个故事：

　　一个农夫与儿子一同赶着一头驴到附近的市场去做买卖。

　　没走多远，父子俩就看见几个路人对他们指指点点。其中一个人大声喊道："你们见过像他们这样的傻瓜吗？有驴子不骑，宁愿自己

走路。"听到这话，农夫心中很是在意，立刻让儿子骑上了驴，自己则在后面跟着走。

走了一会儿，他们又遇见一群老人，只听他们哀叹道："你们看见了吗？现在的老人可真是可怜。看那个孩子自己只顾骑着驴，却让年老的父亲在地上走路。"农夫听到这话，心里有些不舒服，赶紧让儿子下来，自己骑上驴。

走了一半的路程时，父子俩又遇上一群孩子，几个孩子七嘴八舌地乱喊乱叫着："嘿，你们瞧那个狠心的爹，他怎么能自己骑着驴，让自己的孩子跟在后面走呢？"农夫听罢，紧张得出了一身冷汗，又赶紧叫儿子上来，与他一同骑在驴背上。

快到市场时，又听到有人说："哟，这驴多惨啊，竟然驮着两个人，真怀疑是不是他们自己的驴。"另一个人也插嘴说："哦，谁能想到他们这么骑驴啊，瞧把驴累的！"

听罢这话，农夫彻底纠结了，想了许久之后才对儿子说道："怎么骑驴都是错，依我看，不如咱们抬着驴子走。"于是，他和儿子从驴上跳下来，用绳子捆上驴的腿，找了一根棍子将这头驴抬起来，卖力地继续赶路。

当父子俩使出了浑身的劲将这头驴抬过闹市入口的小桥上时，又引起了桥头上一群人的哄笑。驴子受了惊吓，挣脱捆绑，撒腿就要跑，不想一失足却落入河中淹死了。农夫最终空手而归，既懊恼又羞愧。

这样的故事听起来似乎实在荒诞可笑，现实中哪会有如此愚笨的人呀！当然，这不过是个故事，但在我们身边像农夫这样因在乎别人眼光，而不断做出违背自己意愿事情的人却并不少见。

在生活中，我们常常会不自觉地在乎别人的眼光，为了得到别人的赞许，让别人感到满意，我们总是小心翼翼，甚至费尽心机。殊不知，这样一来，那个真实的自己就会逐渐离我们远去。人生苦短，若我们连真实的自己都不敢面对，不敢接受，这将是怎样的一种悲哀和痛苦。

更何况，每个人的利益出发点都是不一致的，每个人的立场，每个人的主观感受也是不同的，无论你怎么努力，怎么改变，也都不可能面面俱到，让所有人都感到满意！就像故事中的农夫，不骑驴有人指指点点，骑上驴同样有人指指点点，哪怕抬着驴，也总会招致别人的嘲笑。

任何事情都有两面性，站在不同的方位，所看到、想到的自然有所差异。比如，每个人都有自己的审美观，有人喜欢瘦一点的，也有人喜欢胖一点的。如果太在乎外面的流言蜚语，并为那些流言蜚语而改变自己，那么，请想一想，改变后的我们还是自己吗？这样的人生太累了，又怎么会有幸福可言呢？

李爽在中学时期一直是个性格直率、活泼开朗的女孩，有时候似乎和男孩子比和女孩子都玩得更投缘，也因此赢得了"假小子"的称号。在进入大学之后，李爽遇到了自己梦想中的"白马王子"——隔壁班那个英俊多才的男孩儿郑勇。

听说现在的男孩子都喜欢性格内敛、淑女型的女孩儿。为了赢得"美男"心，李爽决定一改自己"假小子"的形象，甚至还买了几本关于如何做淑女的书籍来给自己补课，按照书上的教导，李爽开始穿轻飘飘的裙子，讲话也尽量轻声细语，再也不和男生追逐打闹，尤其在郑勇面前，更是时时装出一副温柔体贴的样子。

可没想到，郑勇在得知李爽的心意之后，却拒绝了她，称两个人性格不适合，她的性格不是自己所喜欢的。李爽非常伤心，她不明白为什么自己已经很努力地改变，并且做了那么大的牺牲，郑勇却一点儿都不领情！

过了一段时间，李爽听说郑勇有了女朋友。当李爽看到郑勇的女朋友时，不禁愣住了——那个人竟是她班上的同学林岚，一个和高中时候的自己很相像的"假小子"。看着郑勇对林岚的宠溺和言语之间透露出的喜欢，李爽终于明白，原来郑勇所喜欢的，正是那种性格直率、活泼开朗的女孩儿。

可是一切都太迟了，不过这又能怪谁呢？谁让李爽那么在意别人的看法呢？

一场为爱改变的"牺牲"，却悄悄让原本可能降临的爱情"牺牲"了。李爽正是由于被外面的流言蜚语所左右，为了获得心仪男孩的喜爱，不惜改变自己的性格，改变自己的本来面貌。可没想到的是，原来李爽的本来面貌正是郑勇最喜欢、最渴望得到的。

我们是活给我们自己看的，不是活给别人看的。我们应该立足于天地之间，而不是立足于别人的两个睫毛之间。因此，我们何必太在意别人是怎么看自己的呢？我们只要爱自己就足够了。

经典励志书《秘密》的作者在揭示生命中的磁石时就曾说："对

于你来说，没有什么限制，除非是你自己强加给自己。你的思想就像鸟儿一样，可以从任何障碍物上飞过，除非你将其限制、将其束缚、将其囚禁或剪断它们的翅膀。"

世界上每一个人都是独一无二的存在，我们不需要去模仿别人，或强迫自己去成为别人所期望的样子。别人所希望的，未必是真正适合我们的，而唯一能为我们生活埋单的人，只有我们自己。戴上面具容易，但一辈子都戴着面具做人，只会让我们离幸福越来越远。要想找到幸福，我们就不能因为流言蜚语改变自己；要想找到幸福，我们就要做真正的自己。

20 年前，她在北京的一所大学里上学。那时，每当有人从她身边走过，都会忍不住说："这女孩好胖，真丑！"大部分日子里，她都不敢和同班同学说话，因为疑心同学们会嘲笑自己，嫌自己肥胖的样子太难看。

大学结束的时候，她差点儿毕不了业，不是因为功课太差，而是因为长得太胖。平时，她不敢穿裙子，也不敢上体育课，甚至拒绝参加体育长跑测试。老师说："只要你跑了，不管多慢，都算你及格。"可她就是不跑，唯恐自己肥胖的身体跑起来非常蠢笨，以致遭到同学们的嘲笑。

因为害怕引起别人的关注和非议，她永远只穿黑、灰、蓝等沉闷颜色的衣服，根本不敢尝试浅色或者是鲜艳的，直到有一次在大街上看到一个胖男孩穿一套白色的服装，她才忽然发觉原来肥胖并没有什么大不了，肥胖的人照样也可以帅气。而自己过去因为太关注体重居然忽略了很多的生活乐趣，于是她开始将自己的精力更多地投入到书本中，投入到与朋友们的交往中，并开始穿起很鲜艳的衣服，大大方方地与人交谈。

而现在，她，是家喻户晓的著名节目主持人，一个完全依靠才气、丝毫没有凭借外貌走上主持人岗位的人。每次谈及自己的肥胖，她都不再像从前那般自卑，而是挺胸抬头慷慨陈词："胖怎么啦，胖自己的，又不碍别人的事。"

"胖怎么啦，胖自己的，又不碍别人的事"，一个人不必苛求自己，也无须为别人改变自己，坚持按本色做人做事，笃定地走好每一步，只有这样才不至于在迷失自我的泥沼中兜兜转转，才能爽朗地收获属于自己的幸福。

人，只有做真正的自己才是最幸福的。"是非止于智者，清者自清，浊者自浊"，将别人那些不切实际的言论搁置一旁，不要因为别人而影响自己的生活，如此我们的内心才会获得平静，心灵才能得到一片净土。

人因真实而美丽，人生也因为真实而幸福。你想获得幸福吗？那么，现在就问问自己，是选择被扼杀在别人的目光下，复制着别人的故事，还是坚持自己的生活方式，做这独一无二的自己！

申请资格 6. 遗憾，完整人生的答卷

一场旅行，最难忘，最令人回味的，往往正是留下遗憾的那一段落。

生活总是变幻莫测，充满了不确定性，而人类则总是渴望向上攀登，向更高的目标前行，追逐更加美好的事物，而这些都决定了人生必和遗憾结伴。人生一世，遗憾与人一路共生，如影相随。

人生在世，总会有大大小小的遗憾，这个世界本就不完美，我们无须怨天尤人，学会释然，学会坦然地面对这些遗憾吧！缱绻人生，有时遗憾也是一份不错的答卷。

遗憾，在字典上的解释是"不称心"、"大可惋惜"。既然如此，难道遗憾也值得品味？是的，遗憾可品，且意味深长。事实上，遗憾是一种美，一种与众不同的美，它有震撼人心的力量，有润泽万物的神奇。

就像世界名作维纳斯流芳百代，正是因为她断臂的"缺憾"，才产生了震撼心灵的效果，留住了美丽，成就了经典。

又如梁祝不能牵手一生，人人看后都会涕零，都会感叹结局的悲伤，但是正因为有了遗憾，那份情意才越发显得珍贵，既浸入骨髓又超然永恒。

鲜花不是因为芬芳而圆满，而是因为既有芬芳又有凋谢才圆满；彩

虹不是因为绚丽而圆满，而是因为经历了风雨终现缤纷的色彩才圆满。遗憾的人生也是人生的一部分，没有经历过遗憾的人生是不完整的。

"人有悲欢离合，月有阴晴圆缺，此事古难全。"既然残缺在所难免，又何必为之伤怀？与其这样，不如静下心来好好细数上天赋予我们的恩典，接受并善待它，这样的人生或许会更豁达、更快乐。

终生仕途不顺，屡遭排挤的李白是苦涩的，然而他的"五花马，千金裘，呼儿将出换美酒"的豪情，"安能摧眉折腰事权贵，使我不得开心颜"的洒脱，让多少文人墨客心向往之；陶渊明的抛官弃职是令人遗憾的，然而他那份"采菊东篱下，悠然见南山"的飘逸让多少人怦然心动。

遗憾不是失意，它是另一个方向上的成就；遗憾不是无能，它是另一种意义的收获；遗憾不是软弱，它是另一种形式的伟大。

2010—2011全国女排联赛决赛，广东恒大和天津女排的决赛场上，女排老将冯坤所率领的恒大女排在2—0领先的大好局势下，从第三局开始逐渐被天津队抑制，并最终连输三局，从而以2—3遗憾地与冠军失之交臂。

"打到最后一分，我觉得我们还是有赢的可能。"说这话时，坚强的老队长有些哽咽。对于拿到过奥运会冠军、世界杯冠军的冯坤，最大的希望就是能够在中国最高水平的联赛中再拿一枚金牌，但这个梦想又要推迟了。

在随后的新闻发布会上，冯坤有些黯然，"今天大家发挥很好，也有机会赢，只是没拿下来，有点小小的遗憾。"不过，也正是因为遗憾，反倒刺激了冯坤在下赛季继续征战的愿望。"我刚才也说了，我原本打算退役的，但是这个遗憾也许会成为我下个阶段的动力，我有可能会继续打。"

紧接着，冯坤又说："整个队伍是向上进步的，这次比赛留下的遗憾，我相信回去之后会进行认真总结。应该说，这次女排联赛我们拼出了自己的水平和实力，也锻炼了队伍，增长了经验，这个过程还是挺圆满的。"

没有获得全国女排联赛冠军，在老将冯坤的心里留下了遗憾，但正是有了这种遗憾，才激发出她继续奋斗的动力，锻炼出她坚韧的毅力，而这一切，必将又给她带去人生的转机，进而衍生出更多的感动和喟叹。

每个人的一生中，或多或少总会留下一些遗憾，因为有了遗憾，人们才有动力去追求理想，去奋斗，去拼搏。倘若一个人件件事情都那么完美，没有遗憾，从某种意义上来说也是极其可怜的。因为他再也无法体会有所追求、有所希望的幸福感受了。

总之，人生是一份没有答案的问卷，苦苦地追寻并不能让生活变更圆满，相反越是有遗憾的地方，越容易迸发出勃勃生机。我们不必苛求人生处处圆满，只有留有一点遗憾，人生的答卷才能更隽永、更久远。

第三章
路途的忠告：现实用脚走，梦想用心走

在决定道路的那一刻，结局也已经书写好了。

所以说，一步即是一生。

忠告 1. 明天怎样，在于你对今天的把握

今天选择通往海边的跋涉，明天才能领略大海波澜壮阔的美丽；今天选择攀登山峰的艰辛，明天才能收获山顶恢宏壮丽的震撼。

在这个世界上，最宝贵、最值得珍惜的就是时间，而最容易消逝、最容易被忽视的也是时间。在生活中，很多人常常抱怨时间不够，把希望寄托在明天，却不知好好把握今天。

殊不知，世界上没有未卜先知的人，没有人能够预知未来。明天会怎样谁也不知道，一切都只是未知数，明天的美好只是可望而不可即的事情。我们与其空等明天，还不如好好地把握今天，享受今天。

常言道："有花堪折直须折，莫待无花空折枝。"这句话就是在告诉我们，要把握住今天，不要为了等待明天的到来而荒废了今天的大

好时光。这也正如岳飞的那句名言："莫等闲，白了少年头，空悲切。"

实实在在地过好每一天，把握住我们生命中的每一刻是我们对待生命最虔诚的态度。在我们的一生中，最重要的是现在。一个寄希望于未来的人，只是一个空想者，最后势必一事无成，得不到任何幸福。

我们不妨来看一个小故事：

在一个非常大的原始森林里居住着各种动物。在这些动物中有一只小猴子，有一天，它突然发现，在下雨的时候，别的小动物都有地方避雨，只有自己在下大雨的时候找不到避雨的地方。于是，小猴子心里便开始盘算着要盖一座小房子。有了这个想法之后，它马上通知森林里的动物，邀请大家明天来自己的小房子做客。

第二天，大家来了，都想要看看小猴子的房子是什么样子。可是，它们只看到了小猴子，却连房子的影子都没有看到，于是就纷纷抱怨起来。小猴子连忙说："等明天，等明天大家再来。"就这样，每天大家都来，可是小猴子天天都重复着这句话，一个月过去了它依然没有动手的迹象。

一天，大森林里下起了暴雨，小动物们都躲进了自己的房子里避雨，只有小猴子没有地方可避，结果在外面被浇成了落汤鸡。在被雨淋的时候，小猴子还一直不停地念叨："等明天就盖……"

这个故事告诉我们这样一个道理：人生在世，不要总寄希望于明天。空等未知的明天，只会让时光白白流逝，使得今天碌碌无为，从而万事成蹉跎。正如古人云："明日复明日，明日何其多；我生待明日，万事成蹉跎。"

有人说："在人生中，最有价值、最值得珍惜的莫过于现在的价值。"也就是说，今天才是最真实的存在，我们要想取得可喜的成就，拥有一个幸福的明天，那么首先就应该把握今天的大好时光。只有把握住现在，把握住能够让自己幸福的机会，我们的明天才会幸福。就像旅行，你想在明天看到什么样的风景，取决于今天你所走的道路。你选择攀登高山，便不会看到大海；你选择羊肠小道，便难以遇见繁华。真正决定你明天的，不是对未来的空想和期待，而是你此刻的选择，现在的付出。

安东尼·吉娜曾经是美国百老汇中最年轻、最负盛名的女演员。她在大学时期的一次校际演讲比赛中曾说道："大学毕业后，我要做纽约百老汇最优秀的女主角。"

当天下午，吉娜的心理学老师找到她问了一句："我想知道，你今天所说的想去纽约百老汇成为一名优秀的女演员，是真的吗？"吉娜点了点头。心理学老师又尖锐地问道："那么，你今天去百老汇跟毕业后去有什么差别吗？"

吉娜想了想，大学生活的确不能帮自己争取到百老汇的工作机会，于是她说："我决定一年以后就去百老汇闯荡。"岂料，老师又问："那你现在去跟一年以后去有什么不同吗？"

吉娜苦思冥想了一会儿，对老师说自己下个学期就出发。可是，老师紧追不舍地继续问："你下学期去跟今天去，有什么不一样吗？"

吉娜有些晕眩了，说下个月就前往百老汇，她以为老师这次应该同意了，但是老师仍然不依不饶地追问："你觉得，一个月以后去百老汇，跟今天去有什么不同？"

吉娜激动不已，情不自禁地说："好，给我一个星期的时间准备，下星期就出发。"

老师步步紧逼："所有的生活用品在百老汇都能买到，你一个星期以后去和今天去有什么差别？"终于，吉娜不说话了。

老师又说："百老汇的制片人当前正在酝酿一部经典剧目，有几百名各国艺术家前往应征主角，我已经帮你订好明天的机票了。"

第二天，吉娜就飞赴到全世界最巅峰的艺术殿堂之一——美国百老汇，进行一场百里挑一的艰苦角逐。为了增加优势，吉娜连夜准备了一个表演片段，一路上都在思考如何表现才是最好的方式。

正式面试那天，吉娜是第48个出场的，她惟妙惟肖的表演，让制片人惊呆了！当吉娜排演完剧目之后，制片人马上通知工作人员结束面试，主角就是吉娜。就这样，吉娜顺利地进入了百老汇，穿上了人生中的第一双红舞鞋。

在心理学老师的开导下，一心想成为歌剧主角的安东尼·吉娜第二天立即去百老汇应征主角，这正是她成功的机缘。试想，假如安东尼·吉娜等自己毕业之后，学完所有的知识再去纽约百老汇的话，那么还能成为主角吗？世事难料，随着时间的推移，或许她还会因为各种事情淡漠了理想的热情，如此她的成功必然改写。

在人生这场旅行中，今天的选择决定了明天的风景，错过了今天也就错过了明天，幸福就在今天，就在当下，我们不必枉费心机地再等待下一次选择，下一次机会！与其浪费时间去想象，去憧憬未来，还不如在今天迈出自己的步伐，向着自己选择的道路大步前行，只有精心呵护今天，才是创造幸福明天的起点！

忠告 2. 当下即是美好，尽情享受此刻

昨天的记忆，曾是今天走过的道路；明天的憧憬，将是今天走向的未来。

在人生的旅途中，我们每一步踏过的风景，不管是美丽，还是丑恶，都终将成为填满人生的记忆。而我们心心念念的幸福目的地，不管憧憬得多么美好，想象得多么真实，是否能够抵达，最终也取决于我们当下走过的道路。可惜的是，很多人都不明白这个道理，他们怀念着过去，期待着未来，却恰恰放弃了当下。殊不知，没有当下的美好，又怎来精彩的过去？没有当下的付出，又如何走向幸福的未来？

曾经有一个哲学家，在周游世界的时候，无意间在古罗马城的废墟里发现了一尊双面神像。哲学家非常好奇，便走上前去询问双面神："大神，我有一个问题想不明白，请问你为什么只有一个头，却有两副面孔呢？"

双面神说："我的两个面孔是有特殊功能的，我的其中一个面孔察看过去，以汲取教训；另一个面孔仰望未来，给人以憧憬和希望。"

哲学家更加不解，继续问：“可是，过去的已经过去了，未来又尚属未知，都是没有意义的，你为什么拥有两面，却没有一面注视最有意义的今天呢？昨天是今天的逝去，明天是今天的延续，你却无视现在，就算你对过去了如指掌，对未来洞察先机，那又有什么意义呢？”

双面神听完哲学家的话，顿时泪如雨下。这时，他才知道罗马城之所以被人攻陷，正是由于自己一面看昨天，一面看明天，从而忽视最有意义的今天，导致罗马城被攻陷，自己也被丢在罗马城的废墟里。

在岁月的长河里，过去的一切美好都已经成为历史，而未来又是一个未知之数，唯有当下，才是实实在在把握在我们手中，关乎我们命运的东西，我们与其去苦苦追寻过去和未来这两个虚无缥缈的名词，还不如把握此刻的幸福。

如果我们总是一味地留恋或抱怨过去的事情，或者一味地憧憬未来更美好的东西，却忽视了当前所拥有的此时此刻，那么现实和理想之间的疏离与差距便会让我们一直处于浮躁的状态，难以把控生命的脉动。

著名作家斯宾塞·约翰逊写过一本名为《礼物》的书，里面有这样一个故事：

有一个孩子问一位充满智慧的老人：“世界上有最珍贵的礼物吗？”

老人回答道：“有！世界上最珍贵的礼物可以让人生获得更多的快乐和成功，可这个礼物只有依靠自己的力量才能找到。”

于是，这个孩子从童年到青年，走遍千山万水，用尽所有的办法四处找寻这个最珍贵的礼物，可是他越拼命寻找，越感到生活不快乐，而他生命中那个最珍贵的礼物自始至终都没有出现。

到后来，气急败坏、心生绝望的年轻人决定放弃，不再没有目的地追寻世界上最珍贵的礼物了——而此时的他却赫然发现，苦苦寻找的东西原来一直在自己的身边，这个人生最好的礼物就是——此刻。

无独有偶，还有类似的一个故事：

有一个做服装生意的商人，最近生意不知道是什么原因，每况愈下。为此，商人非常苦恼、着急，日夜苦苦思虑，一躺下脑海里全是生意上的事情，最后导致了失眠。

朋友们都非常关心商人，劝慰他说："今朝有酒今朝醉，生意上的事情在上班时间操心是应该的，可是到了睡觉的时间就应该享受睡觉的幸福啊！告诉你一个好办法，在睡觉之前数羊，数着数着，就能慢慢地睡着了。"

一个星期后，商人找到了这位朋友，说自己还是睡不着。朋友很奇怪，就问他数羊了没有，他说都数到三万头了。朋友惊讶地问："数三万头了，你都没有觉得困，都没有一点睡意？"

商人回答："本来是困极了，但是一想到三万头绵羊得有多少羊毛啊，如果把这些羊毛剪了纺成毛线，然后再织成毛衣，那我的生意不就有救了吗？可是，问题又来了，上哪儿找买主呢？想到这里，我又睡不着了。"

朋友摇了摇头，边叹息边说："没救了，不是你的生意没救了，是你没救了。"

很多人大概都会笑话这个商人，连睡觉都不忘生意经。但认真想一想，类似的事情是否也曾发生在你我身上呢？扪心自问，当我们深陷困境，面对失望与痛苦时，我们是否依然能够泰然处之，享受当下的美好或痛苦？

法国伟大的哲学家兼数学家巴斯葛曾说过："我们向来不曾享受现在；在我们的一生中，不是沉湎于过去，就是盼望着未来；不是去抓住已经如风的往事，就是嫌时光走得太慢。我们实在太傻了，竟然用一生的时光，去留恋那些根本不属于我们的时光，而忽略了唯一属于我们的时刻。"

的确，逝者不可追，来者犹可待。即使每天祈祷一百遍，我们也不可能回到从前，或者提前到达未来。可是，生命正以令人难以置信的速度飞快地溜走，幸福不是等待，更不是缅怀，幸福往往就在电光火石之间，而我们最应该做的，就是把握住现在的幸福时刻，尽情享受此时此刻。

一位非常有智慧的老人就要去世了，他把跟随自己学习的弟子们叫到身旁，交代了一些身后事。弟子们都很难过，纷纷守在老人身旁，准备一同目送他离开这个世界。

就在这个时候，老人的大弟子突然匆匆忙忙地跑了出去。其他弟子感到很奇怪，非常不解地问他说："老师就要过世了，你不守候老师，却匆匆忙忙地跑出去做什么啊？枉老师以前那么疼你！"

大弟子解释说："老师喜欢吃一种点心，我现在就要去市集买，好让他在临走之前，再尝尝最爱吃的点心。"说完，他飞快地跑出门，在市集里找了很久才终于买到了老人最爱吃的点心。

大弟子赶回老人家中的时候，老人已经奄奄一息了。大弟子赶紧捧上了新鲜的点心，处于弥留之际的老人拿着点心，先是轻轻地咬了一口，然后开始津津有味地大口吃起来。这时，有弟子问道："老师，您很快就要离我们远去了。您还有没有什么话要交代的？有没有什么要我们特别记住的事？"

这时，老人脸上露出幸福的微笑，躺在床上颤颤巍巍地说："这点心真好吃！"说完，便闭上了眼睛。

当生命终将逝去之际，从前的一切都将烟消云散，未来的一切也将如镜花水月，与之再无半点关联。弥留之际的老人是充满智慧的，他深谙这个道理，因此在面对死亡之际，既没有去检讨过去，也没有去担忧未来，而是全心投入地感受着当下，嘴巴里那口美味的点心给自己带来的幸福。其实，做人就应该像故事中的老人一样，不管下一刻面临着什么，也没有任何理由放弃当前的幸福！

总之，未来还没有来临，而过去再美好的事也已成为历史。过去与未来并属于当前的我们，它们只是处于"曾经存在"或"可能存在"的状态，而唯一正在存在的是现在。现在是属于我们的，享受此时此刻，才是人生的最大幸福！

忠告 3. 把握今天，不必预支明天的烦恼

万无一失的旅行计划只有一个，那就是——永远不要开始旅行。

在开始旅行之前，每个人都希望有个万无一失的旅行计划，把一切都考虑得面面俱到，这样才能保证有一场完美而快乐的旅行。但事实上，在现实生活之中，很多事情是不以人的意志为转移的，意外总会在不经意的时刻降临，任何事情都不可能制订万无一失的计划，杜绝所有可能存在的烦恼。但是，很多人却不懂得这个道理，总是心神不宁地担心着明天，企图把人生的烦恼都提前解决掉，以为那样就能彻底地摆脱烦恼，过上自由自在的生活。

烦恼并不像我们存折上的钱，支出来一点就会少一点。解决了今天的烦恼，明天它依旧会如期而至，该来的始终会来，今天的忧虑并不能够改变明天的状况。如果我们总是怀着忧愁度过每一天，那么除了徒增烦恼之外，根本不会得到一点幸福感。

我们不妨来看一个小故事：

有位落魄秀才，为了生计到一个大户家做了仆人，每天早上的主要任务就是清扫大户宅院中的落叶。

清晨起床扫落叶是一件极为辛苦的事，尤其是每年的秋冬之际，

只要一起风，树叶就会随风飞舞落下。这样，落魄秀才每天都需要把大部分的时间都花在清扫落叶上，这让他头痛不已。

老管家看落魄秀才愁眉不展的样子，问清原因后，告诉他："想省些力还不简单，只要在明天打扫之前用力摇树，尽可能多地把树叶摇下来，那么第二天就可以不用那么辛苦，花费那么多精力去打扫了。"

落魄秀才觉是这真是个好办法，于是隔天就起了个大早，按照老管家的方法使劲地用力猛摇树，心里想这样就可以把今天和明天要扫的落叶一次性给清扫了，于是他一整天都极为开心。

第二天早晨，落魄秀才起床推开门，不禁呆住了——昨天扫得很干净的院子，仍然落叶满地！

这时候，老管家走了过来，拍拍落魄秀才的肩膀，意味深长地说："年轻人，不管你今天用多大的力气，明天的落叶还是照样会飘下来呀！明天的忧虑明天再想，让自己轻松一些吧！"

是的，今天有今天的事情，明天有明天的烦恼，人生中很多事都是我们无法提前完成的。过早地忧虑只是对自己心力的无端耗费，不但会在无形中给心灵施加压力，而且还会让自己越发觉得活得步履艰难，让人生变得既辛苦又乏味。

俗话说："车到山前必有路，船到桥头自然直。"不要想太多有关明天和未来的事，做好今天就是为明天做准备，等明天的烦恼真的来了，再去考虑也为时不晚。不要为明天忧虑，明天自有明天的忧虑，一天的难处一天承担就够了！

更何况，世界上有99%的预期烦恼是不会发生的，它们很有可能只存在于自我的想象中。在一篇名为《99%的烦恼其实不会发生》的文章中，美国作家布莱克伍德就有过一段这样的经历。

布莱克伍德的生活几乎是一帆风顺的，即使遇到一些烦心事，也能从容不迫地应付。但是 1943 年的夏天，因为战争到来，世界上绝大多数的烦恼几乎都在这一时间都降临到布莱克伍德的身上，令他苦不堪言。

布莱克伍德坐在办公室里为这些事烦恼，无奈之下，就决定把烦恼的事都列在纸上：

1.我办的商业学校现在面临严重的财务危机，因为男孩子入伍作战，女孩子毕业后上班挣的工资还没有在兵工厂上班的女孩子挣的工资多，所以造成生源大量减缺。

2.儿子在军中服役，当前生死未卜，和天下所有的父母一样，我和妻子无时无刻不在为他担心。

3.渴望上大学深造的女儿提前了一年高中毕业，上大学需要一大笔费用，可是我这当父亲的却是囊中羞涩。

4.俄克拉荷马市征收土地建造机场，我的房子就位于这片土地上，而土地和房产基本上属于无偿征收——赔偿费只有市价的十分之一。

布莱克伍德苦想对策，但都没有想出好的解决办法。最后，他只好将这张纸条放进了抽屉。一年半之后的一天，布莱克伍德在整理资料时，无意中发现了这张已经不记得的纸条。

布莱克伍德说道："我以前也听人们谈起过世界上绝大部分的烦恼都不会发生，对此我一直不太相信，直到我再看到这张烦恼单时，才完全信服！原来，那些烦恼和担忧没有一项真正发生过。"

　　原来，由于政府拨款训练退役军人，布莱克伍德的学校不久就招满了学生。而他担心自己的儿子在战争中受伤，最后儿子毫发无损地回来了。之前他担心女儿教育经费凑不齐，可他找到了一份兼职稽查工作，解决了这个难题。还有，他担心房产被征收建设机场的事，后来因为住房附近发现了油田，房子没有被征收。

　　最后，布莱克伍德得出了一个结论："其实，99%的烦恼是不会发生的，为了根本不会发生的情况饱受煎熬，真是人生的一大悲哀！"后来，他还根据此，写成了《99%的烦恼其实不会发生》这本书。

　　没错，生活中99%的预期烦恼都是不会发生的，而我们因为一些不会来的事情烦恼不已、饱受煎熬，不是太傻了吗？这样的人生不是太庸人自扰、太悲哀了吗？

　　时光如流水，光阴如白驹过隙，"盛年不重来，一日难再晨。"人生是短暂的，时间永远不会为任何人停留一分一秒，在这有限的时间里，我们哪还有多余的空闲停下前进的步伐，去为不曾到来的事情烦恼，去为不曾发生的悲剧哭泣呢？

　　与其因为明天的烦恼而荒废掉今天的大好光阴，倒还不如好好地把握今天、做好今天，利用今天的时间大步向前，领略更多的美好风光。这样，就算我们所担忧的事情真的发生了，我们所拥有的淡然从容也可能让事情朝着好的方向发展。

　　下次，当我们再被明天的烦恼羁绊时，不妨告诉自己："生活中有很多的事情，是我们永远都无法提前完成的。现在不要去想这些烦恼的事情，等明天再说，毕竟明天又是新的一天。何况，我怎么知道当前所担心的事情就真的会发生？"最美好的旅行，不是每天都必须晴空万里，而是在暴风雨之后，还能充满欢笑地抬起头，看天边绚丽的彩虹。

忠告 4. 放下"如果"，珍惜拥有

有一种果实，有着世界上最诱人的味道，同时也有着世界上最可怕的剧毒，它的名字叫"如果"。

在人生的旅途中，我们总会遭遇到很多的意外，有时，我们因为这些意外而更改了当初决定的旅行路线；而有时，我们则在坚持不懈地按照原定计划前进之后，才发现这个目的地并不是我们真正想去的地方。每当这个时候，我们总会开始惆怅，开始懊悔，念叨着："如果当初……"

可笑的是，当我们沉浸在"如果"的甜蜜与剧毒中时，我们往往会忽略此刻拥有的东西，直至失去之后，又再一次陷入"如果"的苦痛，形成一种可怕而又可笑的恶性循环。拥有的时候不知道珍惜，等到失去了才明白曾经的拥有是多么弥足珍贵，这便是人类的通病。然而当失去已经成为过往之后，再想珍惜便也是枉然了。只懂盯着失去的人，永远不会珍惜现在，他们所拥有的，也只能是无尽的悔恨和遗憾。

但是，人往往就是这样，不知道珍惜眼前的拥有，失去了才懂得其珍贵、想要珍惜。于是，漫漫人生路，有多少人在喟叹：年华不在，覆水难收，能不能再给我一次机会，我一定会珍惜拥有。

如果可以，我希望回到童年那无忧无虑的时光；

如果可以，我一定好好学习所有的东西，打造一个完美的自己；

如果可以，我一定珍惜曾拥有的一切，不致失去后才知道它的美好；

如果可以，我一定会选择一个新的起跑点，开始一段新的人生；

如果可以……

"如果"是世界上最甜蜜的果实，附着人们心底最大的渴望与憧憬。但"如果"也是世界上最剧毒的果实，它用虚假的美梦麻痹着人的内心，让他们在沉湎中忽略自己的拥有，自己的幸福，直至失去一切之后，仍然在毒液的浸染中无法自拔。人生是一场不能回头的旅行，根本没有所谓的"如果"、"假如"，有的只是继续，对不存在的东西念念不忘，只会让我们离幸福越发遥远。

有一个天使很热心、很善良，时常到凡间帮助人，希望能让更多的人感受到幸福。一天，天使遇到一位年轻人。这位年轻人有温柔美丽的妻子，活泼可爱的儿子，并且还有一群爱玩爱闹的朋友，可是他却整日愁眉不展、唉声叹气，看起来十分不幸福。

天使走上前，问他："你看起来十分不幸福，我能够帮助你吗？"

年轻人对天使说道："我什么都有，但是只缺一件东西，你能够满足我的愿望吗？"

天使回答说："可以，你缺少什么呢？"

"我缺少的是幸福。儿子不但调皮而且还不听话，天天把我闹得心神不宁；妻子尽管温柔贤淑，但是我们没有共同的话题，一天也说不上几句话；邻居们更是烦人，天天有事没事便来家里拜访，打扰到了我的生活……如果时光倒流的话，我不会和现在的妻子结婚，也就不会生孩子……"

妻子、儿子、朋友不但不能让他感到幸福，而且还让他感到不幸福，这下子可把天使难住了。天使想了想，说："明白了，好吧，我会满足你的愿望。"之后，便将年轻人周围的所有人都带走了，只剩孤零零的年轻人生活在人间。

一开始，年轻人还很高兴，但没过几天，他就意识到没有了儿子的欢闹，没有了妻子的体贴，没有了邻居们的时常鼓励，生活变得凄凉无比。这时，他才知道自己先前的生活是多幸福。可是，一切都为时已晚，现在的自己活在世界上已经没有了任何意义。

就在年轻人痛苦地准备结束自己的生命之际，天使又来到年轻人的身边，并将他的儿子、妻子和邻居还给了他。年轻人抱着儿子，搂着妻子，站在朋友们中间，满脸笑容不停地向天使道谢，因为他明白了什么是真正的幸福。

人的欲望总是难以满足，拥有了白玫瑰，便会去羡慕红玫瑰的美好；可如果拥有了红玫瑰，则又不舍得白玫瑰的芬芳。"如果"便是在这种贪婪的欲望中所诞生的毒品，让人欲罢不能，最终失去一切。就像故事中的年轻人，明明已经拥有了幸福，却又向往着另一种自由的人生，而当终于如愿以偿之后，才发现，"如果"并不像想象中的那样美好。这位年轻人是幸运的，天使给了他后悔的机会。可惜在现实生活中，我们没有那么好运，没有天使来给我们弥补失去的机会。因此，如果想要获得幸福的人生，我们就必须懂得把另一个自己从虚拟的"如果"中抽出来，好好去珍惜已经拥有的东西，只有这样才能真切地感受到生活中的幸福，才能活得更加洒脱和轻松。

怀揣着一份创业梦想，徐铮靠着工作几年一点一滴攒下来的积蓄，加上从朋友那里筹借的一点钱，开办了一家广告工作室。徐铮认为自己在先前公司坐到了创意总监的位置，并且策划、制作广告的能力很棒，独自开办公司应该不成问题，谁知公司开办起来后，业务迟迟不见起色。

徐铮不停地跑业务，可是由于欠缺销售能力，半年多没有拉来一单业务。而开办公司用钱的地方又非常多，结果将所有的钱花得不足5000元了，无奈之下只得把工作室关闭，重新找了一份广告类工作，从基层做起。

这时候，朋友们都替徐铮惋惜："当初，如果你在原来的公司踏实做创意总监，那么哪会落到现在这个地步！""现在后悔了吧！如果再回到过去，你是不是就不会作出开办公司的糊涂决定呢？"……

谁知，徐铮不以为然地说："人生没有如果，我不后悔当初的决定，何况后悔也没有用。不过，经过这一阶段，我学习到了很多以前不知道的东西。如果下次再开办公司的话，那一定得提前学习一下业务工作。"

两年后，徐铮辞掉稳定的工作，再次开办了自己的工作室。已经熟悉业务的他，这次做起业务来毫不含糊，经过两年的艰苦奋斗，他的小小工作室摇身一变成为了"徐铮广告公司"，注册资金达100万元。

　　每当有亲朋好友问徐铮这几年的创业经历，徐铮总是淡淡一笑，意味深长地感慨道："生命的价值是要靠自己去实现的，作出了选择，就要珍惜，就要承担起对它的责任，因为生命没有如果。"

　　人生没有如果，机会只有一次，错过了就是错过了，它不会给任何人开小灶，也不会给任何人重新来过！只有认识到这一点，我们才能让自己由"如果"的虚幻走向真实，并真正看清此刻拥有的价值，好好珍惜现在手中所拥有的一切。

　　记住！人生旅途上最大的障碍就是——"如果"！如果当初你选择了另一条分岔路，你未必就会看到更美的风景，但必然失去你此刻所拥有的一切，不管是悲伤还是幸福。"如果"所带来的结果未必就是美好的，那些镜花水月般的假设，与此刻映衬在你眼中实实在在的风景相比，根本不值一提。丢弃"如果"吧，好好珍惜手中的幸福，你会发现，最真切的美好就在当下。

忠告 5. 珍惜身边的每一份真情，那是上天的赐予

在旅途中为我们提供面包的人固然值得感谢，而愿意付出生命中的宝贵时间陪伴我们踏上旅途的人则更加难能可贵。

在我们的人生旅程中，最难得的不是钱财等身外之物，而是我们每个人都渴盼追求的真情。不是有这样一句经典的话："前世五百年的回眸，才换来今生的擦肩而过。"

什么是真情？真情就是情感一点一滴的滋润与回报，良心一丝一缕的清白与坦诚，灵魂一寸一分的纯净与善良。只有珍惜身边的每一份真情，才能在生活中找到幸福，并最终明白爱的真谛。

但是，有时候执念会让我们看不见身边的真情，不懂得珍惜身边的真情，在岁月的源远流长中，那份被灰尘掩盖的真情终将会成为我们心中难以追回的遗憾，而那些原本唾手可得的幸福生活也将终成泡影，我们甚至可能在孤独中流浪，自吞爱的苦果。

肖珍和大勇曾是学校里令人羡慕的金童玉女。肖珍美丽大方，是艺术系一朵娇艳的玫瑰，而大勇则才华横溢，是计算机系出名的学霸。两个人的结合如同童话故事一般，在青春歌曲中谱写了最动人的旋律。

肖珍一直以为，大勇将会是自己一生的伴侣，但这个想法却在离

开学校这个象牙塔之后开始动摇了。大勇是有才华的，然而在没有任何背景的支撑下，在这个偌大的城市中，大勇的未来举步维艰。

肖珍是爱大勇的，大勇对肖珍也极尽关心和爱护，但是，在沉重的现实面前，肖珍低头了，她抛弃了与大勇之间的海誓山盟，抛弃了曾经视若珍宝的爱情。她从大勇小小的出租屋里搬走了自己为数不多的行李，狠心地走出了大勇心碎的目光。凭借着自己的美丽和女人的天赋，肖珍很快嫁给了一个大老板，过上了自己曾梦寐以求的生活。

十年后，在一场宴会上，肖珍又重遇了大勇，此时的大勇已经是一家上市公司的老总了，也有了一位端庄美丽的妻子和一个活泼可爱的儿子。看着宴会上大勇对妻子的关心和宠爱，肖珍心里百味陈杂，现在的她虽然依旧过着奢侈的日子，但却感受不到一丝的温情与幸福。十年前她依靠自己的美色换得了富足的生活，而今年华不再，也只能放任自己的丈夫在外头招三暮四……

看着站在大勇身边满脸幸福的女人，肖珍不由得在想，如果当初自己没有离开大勇，今天站在他身边幸福微笑的，应该就是自己了吧。只是，人世间哪里有"如果"呢……

现实生活中，我们常常忽略了真正能常伴我们一生，最弥足珍贵的东西——真情。在我们身边，像肖珍这样的女孩子并不少见，因为被物欲蒙住了双眼，而忽视了身边真正宝贵的人，弥足珍贵的感情。直至时光飞逝，当昨日的幸福、放纵的痛楚在内心的坚忍中淡化成一道痕迹时，才会恍然大悟：原本最美好的真情早已经在自己身边。

围绕在我们身边的爱，有时就像穿梭在盛开荷花下的青鱼，当荷花绚丽时，青鱼只在水中无声无息地游动；当荷花败落时，青鱼还能带给它一串串鲜活的呼吸。可惜的是，很多人都只看到荷花的盛开，却忽略了青鱼的存在。

有一个非常美丽的女人，岁月对她似乎没有起到任何作用，没有在她的脸上留下任何痕迹，婚后数年依然美丽动人。而她的婚姻也和她的相貌一样完美，看起来无可挑剔，让人羡慕不已。

但是无论婚姻多么完美，日子久了，终究会归于平淡。正当女人对婚姻快要麻木的时候，另外一个男人出现在了她的生命里。这个男人给了她一个全新的世界，让她体会到了前所未有的激情，于是她决意和丈夫离婚。

知道这件事情后，丈夫非常震惊，久久沉默无语。在漫长的沉默中，她百无聊赖地拿出小剪刀开始修剪指甲。也许因为小剪刀有点儿钝，不太好用，她便对丈夫说："你把抽屉里的那把新剪刀递给我一下。"

丈夫默默地把剪刀递了过来。这时，女人突然发现一个奇怪的现象：丈夫递给自己剪刀时，刀尖朝着丈夫，而刀柄的方向则朝着自己。她觉得很奇怪，就问："你怎么这么递剪刀呢？"

丈夫说："我一直都是这么给你递剪刀的呀！因为这样递剪刀，假如有什么意外发生，也不会伤到你。"

丈夫的举动让女人内心一震，她自言自语道："怎么我从来没注意过。"

丈夫听到后，冷静地说："那是因为这太平常了，我从没有说过，因为我认为没有必要说。我对你的爱就像是递剪刀一样，虽然没有频繁地将情话挂在嘴边，但是我已经把我的爱付诸行动了。从我爱上你的那一天起，我就暗暗地对自己说，我要把最大的空间留给你，也要把最大的自由给你。与此同时，我也把爱情的生杀大权托付给你，让你不会受到任何伤害——起码不会受到我的伤害。也许这样平凡的爱，不会让你找到曾经的激情，因为这并不惊天动地，也不轰轰烈烈，可是这就是我的爱。"

妻子听完，泪如雨下，有夫如此，不枉此生。她紧紧将丈夫抱住。决定好好珍惜与丈夫之间最平凡也最美好的爱。

最浓郁的真情，往往融汇于最平常的举动，最平凡的生活。就好像空气一样，支撑着我们的生命，环绕着我们的每一个毛孔，每一个细胞，但却又最容易被我们忽略，被我们忘记，直至有一天失去之后，才猛然间在呼吸困难中感受到它的重要性。一份细腻的、已融入生命的爱，是需要用心去体会、去感知的，它平凡而伟大。当真爱来临，我们要学会珍惜和欣赏。其实，我们身边的真情并不仅仅是爱情，面对亲情，我们同样也要感谢上天的赐予，要学会好好珍惜，因为这如同阳光一般平凡而宝贵的情感一旦失去，就再也不会回来了。

人人都明白真情可贵，可很多时候，我们却往往因为日夜相伴、过于熟悉，而看不清爱的内涵，不懂得珍惜。因此，很多人即便拥有再多的幸福，也是难以感受到幸福的。

在人生旅程中，能有一个关心、牵挂、喜欢、欣赏自己的人是幸运的，是快乐的，而他赋予我们的这份情会让我们在以后的日子里拥有更多的幸福和自信，这份情会变成一盆火，帮我们抵御人生最漫长的寒冬；这份情也会变成一个盾牌，帮我们抵挡尖锐的利剑。

所以，请加倍珍惜关心你、在乎你的人，珍惜身边的每一份真情。记住，在人生的旅途中，愿意给予你面包的人值得感谢，而愿意花费宝贵的生命陪你旅行的人，则值得用心去珍惜。时光不能倒流，过去的事情永远不会再回来，千万不要当失去之后才追悔莫及，让心生活在悔恨和遗憾之中。

忠告 6. 踩实人生每一步，最好的就在手中

"下一个"往往因为遥远总是显得过分美丽，然而也往往因为遥远而恰似镜中花、水中月。

西方有这样一则寓言故事。

一个小男孩提着篮子去山上捡蘑菇，每当他捡起一朵蘑菇的时候，总会被远处的下一朵蘑菇所吸引，为了让篮子装满最大的蘑菇，他总是将手里的蘑菇丢掉，奔向下一个。但他发现，下一次捡到的，反而往往比前一个还要小，他不甘心，于是扔了再去捡。就这样一直消磨到了天黑，他手中的篮子依然空空如也。

在现实生活中，很多人都有这种"捡蘑菇"的心态，有了一件东

西之后，又向往更大更好的，于是在不知不觉中便给自己戴上了望远镜，只懂得看远方，而恰恰忽略了握在手中的当下，而好高骛远的结果只有一个，那便是如同小男孩空空如也的篮子一般—— 一事无成。

每个喜欢旅行的人应该都明白，最美好的旅行不是疲于奔命地追赶，不是一心只想着抵达目的地的忙碌，而是能在一路上欣赏风景的从容。而每一次旅行中，最难忘的片段，也往往都不会是抵达目的地之后的成功，而是在途中所经历的点点滴滴。人生其实就是这样的一场旅行，最珍贵的永远不在下一站的目的地，而是就在当下，你眼前的风景，你踏上的土地。

幸福不是一个具体的终点，而是一条由点点滴滴快乐所汇聚而成的康庄大道。就如小男孩眼前的蘑菇一样，能让他满载而归的，不是某一顶最大最漂亮的蘑菇，而是眼前星星点点的小蘑菇。

尹梦是一名音乐系的大三学生，她给自己制定的人生目标是成为一名出色的音乐家，但她在音乐方面的发展并不顺遂，这使得她时而雄心万丈，时而随波逐流，想尽办法都难以摆脱这种困扰。"唉，为什么我不能够成为音乐家呢？成为一名音乐家就这么难吗？"尹梦将自己的迷茫倾诉给了大学老师。

"想象一下你五年后在做什么？"老师想了想问道，"别急，你先仔细想想，完全想好，确定后再说出来。"

沉思了几分钟，尹梦回答："五年后，我希望能有一张自己的唱片在市场上发行，并且这张唱片得到许多人的肯定。"

"好，既然你确定了，我们就把这个目标倒算回来，"老师继续说道，"如果第五年你有一张唱片在市场上，那么你在第四年之前必须和一家唱片公司签约，这样一来，你的第三年就要有一个能够证明自己实力、说服唱片公司的完整作品，如此说你的第二年就要开始为你很棒的作品录音了，那么你的第一年就一定要把你所有准备录音的作品编好曲，这么算的话你的第六个月就是筛选准备录音的作品，而你的第一个月就是要把目前这几首曲子完工。这样一来，你的第一个星期就是要先列出一整个清单，排出哪些曲子需要修改哪些需要完工，对不对？"

"不要去看远处模糊的东西，而要动手做眼前清楚的事情。"老师意味深长地说。

听了老师的话，尹梦犹如醍醐灌顶，恍然如梦。自此，她脱离了那种虚无缥缈的期盼，接下来的一个星期她列出了一张清单，然后一步步开始实现自己的目标，最终成为了一名出色的音乐家。

遥远的东西因为距离的关系，总会产生一种朦胧的，让人难以抗拒的美丽，但遥远的毕竟是遥远的，在朦胧的面纱遮挡下，我们根本无法看清它的全貌，也无法触碰到它的真实。过于迷恋明天，只会让我们处于迷茫与彷徨中不可自拔。

人生在世，我们真正能够左右的，只有握在手中实实在在的当下。想要攀登上幸福的高峰，唯一的办法就是以立足之地为起点，踩实脚下的每一步，走好今天的每一段路，在坚持不懈中，缩短明天与现实的距离，跨越艰难险阻，一步步登上幸福的巅峰。

每天留下一个脚印，或许没有一飞冲天的气魄，没有惊天动地的声势，但往往正是成功的关键。只有稳健的步履才能走出千里之远，只有源源不断的泉流，才能汇成江河湖海。人生不应该是一场疾风骤雨，陡然过后便了无痕迹。人生应该留下踏踏实实的痕迹，让每一刀每一剑最终演化为震撼人心的奇迹。

一支篮球队的负责人为了提升球员成绩，重金聘请了一位名教练。这位教练抵达球队之后，却没有展现出什么独特而惊人的训练方法，而是对球员们说道："我的训练方法和你们上一任教练并没有什么区别，但我有一个要求：今天的你们必须比昨天罚篮进步一点点，传球进步一点点，抢断进步一点点，篮板进步一点点，远投进步一点点——总之就是，每个方面都要比昨天进步一点点。"

教练的话让负责人偷偷捏了一把汗，生怕自己的巨额年薪花得不值当。但很快，他就完全放下了这种担忧，因为在新季度的比赛中，这支球队一路领先，最终夺下了总冠军。

对于这一战绩，教练总结道："我们有 12 个球员，每天每个人都在 5 个技术环节中进步 1%，也就是说，每个球员每天一共能进步 5%，而全队则进步了 60%。可见，每天每个步骤只需要进步一点点，球队便能有惊人的跨越……"

"不积跬步无以至千里，不积小流无以成江海"，我们的祖先其实早已经将成功与幸福的秘诀告知了每一个人。可惜的是，很多人总是被一飞冲天、一鸣惊人的豪情所撼动，却忽略了厚积薄发、卧薪尝胆的伟大。

　　事实上，能够改变我们命运的瞬间一直握在手中，能够让我们成功抵达幸福目的地的路一直在我们脚下。憧憬是美好的，梦想是迷人的，然而只有踏踏实实地踩稳每一步，牢牢抓紧手中的每一分钟，美好的憧憬和迷人的梦想才可能成为幸福的未来。

　　人生最美的风景永远是你此刻眼前所看到的风景，人生最弥足珍贵的回忆，永远是你当下所创造的片段。踩实人生的每一步，最好的其实一直就在我们手中。

第二篇

人生无囧途

第四章
乐观号列车：微笑是最好的天气

乐观会给失意的心灵以慰藉，

给彷徨的心灵以坚定，给干涸的心灵以滋润。

幸福原则 1. 没人能剥夺你幸福的权利，除了你自己

坐火车，买到站票绝对是件喜忧参半的事情。喜的是总算抢到了难能可贵的车票；忧的是旅行的艰辛要比别人更添几分。

命运从来都不是绝对公平的。就像坐火车，明明花费的是同样的价钱，有的人能舒舒服服地坐，有的人却只能靠双腿艰辛地站立。但可喜的是，从出生的那一刻开始，我们至少都有了上车的权利，有了抵达幸福终点站的机会。要知道，虽然上天没有赐给我们完美的人生，但是却赐给了我们追求幸福的权利，而且这个权利是任何人都无法阻止，任何人都无法剥夺的。

有一位老人，每天总是那么高兴，脸上也总是洋溢着幸福的笑容。周围的人看老人每天都这么幸福，便想从他那里学学幸福之道，于是

问他："为什么您每天都能那么快乐，而我们却总是做不到呢？您有什么快乐的秘籍，能不能告诉我们。"

老人听完，笑了笑说："快乐并不是别人给的，也根本不需要什么秘籍。如果你们非要问我为什么每天都那么快乐的话，原因只有一个，那就是每天早晨我睁开眼睛的时候，就给自己两个选择，一个选择是快乐地度过这一天，另一个选择是不快乐地度过这一天。要是你们选择，你们会选哪一个啊？"

大家异口同声地说："我们当然选择快乐地度过这一天呀！"

老人说："就是啊，我也选择快乐地渡过每一天啊，既然我们选择了快乐，那么何必让那些生活中的烦扰琐事来打扰我们快乐的心情呢？在这个世界上，没有人能够给我们真正的快乐，也没有任何人或者任何事情能够阻碍我们寻找快乐。只要我们想快乐，我们就一定能够快乐起来。试一试吧！"

是的，生活就像那位老人说的一样，快乐是我们自己的选择，不快乐也是我们自己的选择，只要我们愿意选择快乐，那么任何人和事都影响不了我们，没有什么能够剥夺我们追求快乐的权利，而幸福的道理也是一样！

在生活中，我们会遇到很多不如意的事情，比如：在学校里，你和他的成绩不分伯仲，可是他得了三好学生和奖学金，而你连提名的机会都没有；在单位里，同事都得到了晋升，而努力工作的你却被排挤，甚至可能因为做错了一件很小的事情被降职；在家里，老婆总是在你面前唠唠叨叨……

　　这些倒霉的琐事确实令人感到烦忧，但这并不是让我们感到不幸福的根源。面对同样的事情，你可以选择痛苦面对或幸福接受。没有得到提名和晋升是痛苦的，但反过来看，你拥有了更大的目标和晋升空间，为什么不能幸福地接受呢？只因为小事便遭到排挤或降职是痛苦的，但从另一方面来说，在上司严苛的磨砺下，你将会拥有胜过其他人的能力，何乐而不为呢？被老婆唠唠叨叨是烦扰的，但这也意味着你身边有人陪伴，不必孤独面对漫漫长夜……幸福与不幸不过就在一念之间，幸福是我们自己的选择，完全掌控在我们自己的手中。

　　然而，在现实生活中，有那么多的人不懂得这样的道理。他们之所以感受不到幸福，并不是因为别人使他们不幸福，而是他们自己让自己不幸福，是他们自己放弃了追求幸福的权利。

　　有这样一个农夫，他整天不停地抱怨，不是认为自己这个不好，就是抱怨上天对自己不公平。就这样，时间在他的抱怨中悄然流逝，而他的生活也没有因为抱怨而有所好转。

　　一天，农夫弓着腰在自家院子的花园里清除杂草。这天的天气很热，汗水不停地从他的身上流下来。他一边除草，一边抱怨："可恶的杂草，要是没有你们的破坏，我的院子一定很漂亮，而我也不用在这儿辛苦地劳作了。"

　　小草说："你总说我们可恶，可是你有没有想过，我们也是很有用的！我们将自己的根伸进泥土，在泥土里耕耘，为泥土锁住水分。在下雨的时候，是我们防止了泥土流失；在干涸的时候，是我们阻止了泥土沙化，我们是你看家护院的卫兵。如果没有我们，院子里的泥土早就被雨水冲走，被风吹走了，那么你又如何能够欣赏到鲜花呢？你之所以不幸福，那是你的选择，是你自己选择了抱怨，放弃了追求幸福的权利，并不是我们剥夺了你的幸福。虽然我们的生命力很脆弱，但是我们每天都快乐地生活，为大自然装饰绿色，而你却放弃了选择幸福的权利，让幸福从你的身边溜走，真是可悲可怜！"

听完小草的话，农夫觉得惭愧极了。

农夫认为是小草破坏了自己漂亮的花园，剥夺了自己幸福的权利，因此每天都在抱怨中度过。可是，他不明白，没有什么能够剥夺他幸福的权利，是自己太过于消极，是自己放弃了追求幸福的权利，这才是他不幸福的根源。

当我们感到不幸福的时候，当我们将一切痛苦都归咎于他人的时候，或许也应该好好想一想，使我们不幸福的到底是什么，是别人？是命运？还是那个没有勇气面对生活，放弃了追求幸福权利的自己。幸福是一种心理感受，是一种不受任何外界因素影响的权利，世间万事万物都有追求幸福的权利，我们每个人亦是，这与家世背景、财富多少、学历高低、身份贵贱没有任何关系。

从拥有生命的那一刻起，我们手中就已经有了通往幸福的火车票，虽然有的人是坐票，有的人仅仅只有站票，但无论如何，这趟列车都不会拒绝你的光临，只要你有勇气登上去，你就能够抵达幸福的终点站。如果我们每个人都能珍惜自己幸福的权利，不管遇到多少挫折和痛苦，都坚持不懈地向幸福奔去，那么我们就是幸福的主人，幸福亦会随时围绕在我们身边！

幸福原则 2. 把命运掌控在自己手中，把幸福寄托在自己身上

旅途中，我们会遇到各式各样的人，他们或许只是擦肩而过，或许会成为某段路上的旅伴，但最终，能帮助我们走到幸福终点，永远不离不弃的，只有我们自己。

俗语说："在家靠父母，出门靠朋友"。诚然，人生在世，总要或多或少地依靠来自自身以外的各种帮助——父母的养育、师长的教诲、朋友的关爱、社会的鼓励……

但"天下无不散之宴席"，父母总有一天会先我们而去，师长、朋友难免各奔东西，没有任何人能够一辈子伴随在我们身旁，不离不弃。因此，我们应该明白，在人生的列车上，我们最终能够一辈子倚靠的人，只有自己。人生的幸福不是任何人给我们的，世界上没有任何人能够给我们幸福，真正能够给我们幸福的只有自己。无论何时我们都应该记住，永远不要将自己的幸福完全寄托在父母和朋友的身上。

如果我们把幸福寄托在他人身上，一味地依赖他人，那么只会让自己变得越来越懦弱，永远无法坚强。而一个缺乏独立自主个性和自立能力的人，连自己的人生都无法左右，又何谈发展和成功呢？更别说获得幸福了！

苏姮是一个农村来的女孩子，家境条件不是很好，并且兄妹又多，

中师毕业后 20 岁的她就嫁给了一个大自己二十多岁的商人。苏妲自以为这一生无忧了，于是整天待在家里不出去工作，一心做起全职太太来。

苏妲的丈夫在外面做生意，一年回不了几次家，后来苏妲生了一个女儿，这使她在那个重男轻女的家庭里彻底失去了地位。之后，婆婆对她的态度变得越来越恶劣，而丈夫回家的次数也变得更少。直到·后来，苏妲听说他有了外遇，并且计划要和自己离婚。

就这样，苏妲被那个男人一脚踹开了。由于一毕业就退出社会进入了家庭妇女的行列，没有社会经验的苏妲根本没有养活自己的能力，想再次融入社会变得难上加难。离婚后，带着孩子的她，生活可想而知……

苏妲的悲剧完全是自己造成的，她竟然把自己的美好青春和幸福希望完全寄托在一个男人身上，放弃了婚姻中的自主权。在苏妲作出这一错误决定的时候，也就为以后的痛苦与悲哀埋下了隐患。退一万步说，就算当时两人是真心相爱的，她也不应该不出去工作，完全依赖男人。爱情是伟大的，但同时也是捉摸不定的，你永远不知道自己所拥有的爱情，保质期究竟有多久。

有时候，一个人的诺言真的很轻，能力真的非常有限，生命真的非常脆弱，而心真的无法承载太多的负累。如果把自己的幸福寄托在别人身上，一旦别人有意无意弄丢了它，那么损失最为惨重的还是你自己。

郑板桥说过，滴自己的汗，吃自己的饭。自己的事，自己干。靠天靠地靠祖上，不算是好汉。这虽然算不上为人处世的金科玉律，但却阐释了一个铁律：千靠万靠，不如自靠——天地万物之间，最值得依靠的人就是你自己。

人生最有意义的事情就是依靠自己的力量让自己幸福，当我们懂得把幸福的希望寄托在自己身上时，往往能够激发出惊人的潜力，在背水一战中以坚韧不拔的毅力去奋斗、去拼搏，最终成为命运的主人，主宰自己命运的沉浮!

罗纳尔松大学毕业时，他的父亲已经是德国很有名气的电器商人了。父亲知道如果让罗纳尔松一开始就和自己在一起工作，那么在自己的溺爱和庇护下，罗纳尔松肯定会事事依赖自己，而这样下去是不会有什么出息的。

于是，父亲没有直接给罗纳尔松安排工作，而是告诉他："你自己去找一份合适的工作吧，什么人都不会帮你，包括我。这个月我还会给你生活费，但是这是最后一个月，以后你要自己养活自己。"

听到父亲这样说，原本以为一毕业就有工作的罗纳尔松很是失望，但是父亲的态度很坚决，于是只好和其他普通的同学一样出入各大招聘会，不停地投简历、面试……最后，罗纳尔松被一家名不见经传的电器小厂录取了。

想到父亲不再支付生活费，而自己挣不到钱就要面临饿肚子的困境，罗纳尔松只好从最底层的零件打磨、组装做起，遇到什么问题都会虚心地向工人们请教，就连看门的老头儿也成了他业务闲聊的伙伴，就这样罗纳尔松学到了很多先前不懂的东西。

没过几年，罗纳尔松便对电器行业的人事、产品及其流通、销售等情况了如指掌。凭借出色的工作表现和踏踏实实的工作态度，罗纳尔松受到了厂子的重用，被提拔为副经理。后来，工厂在他和同事们的辛苦努力下，发展得越来越好，规模几乎要赶超他父亲的产业了。

过什么样的生活是我们自己的选择，与别人无关。幸福是我们自己选择的，也只有我们才能给自己幸福，如果你想要主宰自己的幸福，那就永远不要把自己的幸福寄托在别人的身上，只有依靠自己，才能将命运牢牢地掌控在自己手上。

每个人都在寻找幸福，当你的幸福不知在何方时，可曾这样问过自己：我为自己的幸福付出过多少努力？我是不是在等待着幸运的降临？我是不是把自己的幸福寄托在了别人的身上？

幸福就像是我们在命运列车上所携带的行李，在这趟列车上，我们会遇到各式各样的人，他们或许可爱，或许讨厌，或许会和我们一同抵达命运的终点站，也可能中途下车，从此不再相见。有时我们需要稍稍离开，便会托他们帮忙看管幸福的行李，我们永远无法预测，行李在他们手中是否能够万无一失，但至少有一点是可以肯定的，没有任何人会把你的行李当成自己的行李那般上心。

幸福只有掌控在自己的手中才能万无一失。放下等待吧，放下不切实际的幻想吧！所谓天助自助者，拯救你的人只能是你自己。从现在开始，扬起生命的风帆，向幸福的方向疾驰，相信命运之神一定会垂青于你。

幸福原则 3. 微笑，幸福之门的"敲门砖"

在列车上，想让孤单的旅程变得热闹起来其实非常简单，即只要学会对和你同车厢里的人微笑就可以了。

世界上有一种很美丽的语言，不需要夸夸其谈去渲染，更不需要画蛇添足去粉饰，它不仅可以传递给别人最奇妙、最美好的阳光般的温暖，还可以给生命带来春天般的温馨气息，融化冰雪般的悲伤。这就是微笑！微笑代表着快乐，代表着积极的心态。它能缩短人与人之间的距离，使人产生一种安全感、亲切感、愉快感。它还可以帮助你打开自己的幸福之门，成为你走向成功的另一层保险。

在人生的道路上，我们不可能一帆风顺，也不可能事事如愿。当我们遇到困难时，如果能给自己一个微笑，那么即使困难再大，最终也能迎刃而解。

一天，神闲来无事，便用河边的泥巴捏了一个会微笑的小泥人。但是，小泥人总觉得自己那张被捏成的笑脸一点儿也不真实，非常希望自己能够拥有发自内心的微笑，于是就请求神赐给自己一颗金子般的心。

神看小泥人非常虔诚，就答应了他的请求。不过，神提出了一个条件：小泥人必须渡过河。

"泥人怎么能过河呢？你不要做梦了。""走不到河心，你就会被淹死的！"……河边的青蛙、树上的小鸟都在劝小泥人。

但是，小泥人知道要想拥有神赐予的心，要想能够发自内心的微笑，就必须遵守神的旨意，接受神的考验。小泥人的脚踏进了水里，他感到自己的脚被河水迅速地融化了，一股撕心裂肺的痛楚淹没了他。

小泥人知道，如果倒退上岸，自己就是一个残缺的泥人，而在水中迟疑，只能加快自己的毁灭。如果勇敢地走下去，那么即使自己消散于河水之中，那也无所谓，因为只有这样才对得起自己！

想到这里，小泥人扬起嘴角，义无反顾地面带微笑向前走去。河水被他的微笑感动了，不觉放慢了流速。小泥人以泥沙之躯过河，最终凭借顽强的意志、乐观的心态到达了河对岸。

刚一上岸，河水软化的小泥人就倒下了。小泥人以为自己就此死掉，但是当他醒过来的时候，发现自己的身体安然无恙，并且里面还有一颗跳动的心。这下他笑了，这是发自内心的笑，从此他过上了幸福的生活。

小泥人面对困难的时候，正是能够以积极乐观的心态面对困境，最终通过了神的考验，从而得到属于自己的心，如愿以偿地发出了内心的微笑。小泥人正是由于带着笑容上路，才最终过上了幸福的生活。

微笑是内心的一缕阳光，它不仅能够影响我们自己，而且还能影响他人。正如英国诗人雪莱所说："微笑是仁爱的象征，快乐的源泉，亲近别人的媒介。有了微笑，人类的感情就沟通了。"

微笑是我们和别人相处、敲开幸福之门的敲门砖。当别人遇到困难的时候，我们给他一个安慰的微笑，便能给予他走出困境的勇气；当别人沮丧的时候，我们给他一个理解的微笑，便能让他那颗冰冷的心感到一丝温暖。

笑容就是这样，让自己幸福的同时，也可以让别人得到幸福。电视剧《搜神传》里女主人公说过这样一句话："笑口常开，好彩自然来。"没错，如果我们时常带着微笑上路，那么幸福自然会降临到我们的身上。

在日本寿险业，原一平是一个声名显赫、有口皆碑的人物，虽然其貌不扬，个子也非常矮，没有仪表堂堂、风度翩翩的优势，但是他的业绩非常突出，是日本保险业连续 15 年全国业绩第一的"推销之神"。

有人问原一平，"为什么你的推销技术那么高超呢?"

原一平面带笑容说："就是这个喽!"说着，他用手指了指自己脸上的表情，"我的高招就是笑容。"原来，面对顾客的时候，原一平总是露出发自肺腑的微笑。他阳光般的笑容，让顾客不好意思拒绝他，结果业绩一路飙升。

事实上，原一平的微笑是经过特殊"训练"的。当初，刚步入保险界的时候，原一平每天都会拿着镜子，练习微笑的表情。他不断地丰富自己的笑容，使自己的微笑变得自然、阳光，被誉为"值百万美金的笑"。

对于自己的成功，原一平感慨地说："其实微笑不光是为某种目的而微笑，微笑是一种快乐和幸福的标志，是心中的一缕阳光，不仅照耀自己，还照耀他人。既然微笑能让自己快乐，也能让别人快乐，那么我何乐而不为呢？"

微笑是积极乐观的心态象征，原一平正是懂得这一道理，才时常展现自己的微笑，从而赢得了顾客的好感和信任，也正是因为这样，他的业绩才能不断地攀高，成为日本赫赫有名的推销大师，从此坐上通往幸福生活的列车。

生活中的我们为什么不能如此呢？不要吝啬自己的笑容，多对身边的人们微笑吧！要知道，我们的笑容并不是存折里的钱，用一点儿就少一点儿。恰恰相反，我们的笑容只会越用越多，因为我们每对别人笑一次，就给别人带去了一份幸福和快乐，而相应我们也会从别人那里得到幸福和快乐。用一个笑容换来两份幸福和快乐，我们的笑容不是越用越多吗！

微笑是我们走向幸福的通行证，在人生的道路上，虽然我们会遇到各种各样的困难，也会发生很多不愉快的事情，但是只要我们带着微笑上路，那就等于驾车驶向幸福的高速公路，所有的不愉快都会烟消云散，所有的困难也都会迎刃而解。在人生的旅途中，我们会遇到各式各样的旅伴，对他们微笑吧，你的友好与热情必然能让你收获更多，拥有更多！

幸福原则 4. 为生活欢歌，迎幸福天使

买到软座车票，是一件"半幸运"的事情，舒适度有限，乐趣却无限。

在列车上，软座比硬座要舒适，但却又比卧铺要劳累，而软座得天独厚的一点就在于，它兼并了硬座和卧铺的乐趣：你既可以方便地结识其他旅客，与他们一同纵情欢歌，以消磨旅途的时光；同时又避免了相互之间的拥挤，能够静静听听音乐，或与身旁的人来一场感性谈话。

在人生的旅途中，大部分人都拥有一张软座车票，过着比上不足，比下有余的生活。有的人因为不甘心而让自己沉浸在不满与妒恨之中；有的人则懂得为平凡欢歌，赢得幸福与快乐。人与人之间的不同，实际上在于对幸福感悟的不同，幸福，来源于我们对生活的热爱，当你发自内心热爱你的生活之时，当你能为你生活中的每一个细节而欢歌之际，幸福的天使自然不请自来。

很久以前有一位诗人，心里充满了对生活的困窘和无奈，身心俱疲的他决定到远方去旅行，希望可以借旅行来散散心。谁知，旅行并没有给他带来快乐，直到有一天，他听到路边传来一阵悠扬的歌声。

歌声非常美妙，跳动着快乐的音符，诗人不禁驻足聆听。没过多

久，诗人的心情就像秋日的晴空一样明朗，又如夏日的泉水一般甘甜，他被快乐紧紧地包裹起来，内心重新鼓起了生活的勇气。

突然，歌声停了下来，一个面带笑容的男人走了过来。诗人从来没有见过笑得如此灿烂的人，心想："这个人肯定没有经历过任何的苦恼。只有从来没有经历过任何艰难困苦的人，才会笑得这样灿烂，这般纯洁。"

于是，诗人走上前去问候："你好，先生，从你的笑容可以看出，你是一个天生的乐观派。你的生命肯定一尘不染，肯定没有经历过风霜的侵袭，更没有遭受过失败的打击，并且幸运的天使肯定会常驻你的家门，你就像不食人间烟火的神仙，烦恼和忧愁肯定没有敲过你的家门。"

男人摇摇头说："您可猜错了，就在今天早晨，我丢了唯一的一匹马。"

诗人非常不解，疑惑地问："最心爱的马都丢了，还能唱得出来？"

那个男人说："我当然要唱了，我已经失去了一匹好马，如果再失去一份好心情，那损失不是更大吗？正是因为有了歌声的相伴，才使我的生活充满阳光，才使我更加热爱生活。每当歌唱的时候，我就会感觉每一个早晨都充满了希望，而幸福一直伴随我左右。"

在生活中，我们也应该像故事中那个唱歌的男人一样积极乐观。也许生活让我们失去了很多，但是无论遇到了多大的不幸，也不能再失去好的心情，因为没有什么能够让我们不快乐，除非我们不想快乐。

生活就像是一首歌，当歌声是欢快的，那么生活亦是幸福的；当歌声是悲伤的，那么生活亦是悲哀的。既然如此，我们为什么不选择大声地为生活唱一首欢乐的歌呢？为什么不选择幸福的生活呢？

无论我们的生活有多么劳累，无论遇到多么不开心的事情，只要我们能保持对生活的热爱与向往，为生活唱一首欢快的歌，那么即使我们身处困境也会很快走出阴霾，而幸福的天使也会很快降临到我们的头上。

出生时由于医生的疏失，台湾黄美廉女士脑部神经受到了严重的伤害，自幼便患上了脑性麻痹症，以致颜面、四肢肌肉都失去正常功能。她不但不能说话，而且嘴还向一边扭曲，口水也总是止不住地往外流。尽管如此，黄美廉女士还是快乐地用手当画笔，不仅画出了加州大学艺术博士学位，还画出了自己生命的灿烂。

黄美廉拥有的成就，即使是一般正常人都很难达到，何况她还是一位重度的脑性麻痹患者。在成功的道路上，她所遭遇的艰难险阻可想而知，但她却从未感到灰心失望，更没有想到过放弃。那么，到底是什么让她一直如此热爱生活，充满希望呢？她的幸福与快乐到底有什么秘诀呢？

一次演讲会上，有个学生直言不讳地问她："请问黄博士，您为什么这么快乐幸福呢？您从小身有残疾，您是怎么看待自己，有没有过别的想法？"对一位身有残疾的女士来说，这个问题是那样的尖锐和苛刻，不过黄美廉并没有在意，只是朝着这位学生笑了笑，转身用粉笔重重地在黑板上写下一句话：我怎么看自己？

写完后，黄美廉回头冲在场的学生们笑了一下，接着又在黑板上龙飞凤舞地写着自己对问题的答案。

一、上天很疼爱我！

二、我很可爱！

三、我会画画、会写文章！

四、我的腿很美很长！

五、爸爸妈妈好爱我！

……

黄美廉一下子写出了几十条让她热爱生活的理由，条条都是那样的理直气壮。这时，笑容从她的嘴角荡漾开，一种淡然、傲然的神情溢满了她的脸。

台下传来了如雷般的掌声……

其实生活就是这样，上帝给你关掉一扇门的同时，也总会再为你打开一扇窗。有的人眼中只有关闭的门，而有的人眼中，却只有那扇打开的窗。黄美廉女士正是因为看到了上天为她打开的窗，看到了希望，看到了自己所拥有的幸福，因此无论遭遇到什么，她都能看着窗外的风景尽情欢唱。人生其实就该如此，也只有如此，我们的人生才会多一点儿快乐，少一点儿忧愁。

无论我们的生活有多么劳累，无论我们遭遇了多么不开心的事情，只要记住，时刻保持对生活的热爱，保持为生活唱一首欢快歌曲的心情。这样，即使我们身处困境，阳光也会很快地为我们照亮前方的路，帮助我们快速走出阴霾，到达幸福的彼岸。

幸福原则 5. 幸福就在身边，养成寻找幸福的习惯

坐火车旅行，最棒的一点就是，能将旅途中的窗外美景尽收眼底。

很多人以为，幸福是一种遥不可及的东西。但实际上，幸福时时刻刻都环绕在我们身边，我们缺少的，不过是一双能够发现它的眼睛。

幸福是一种心情，一种心理感受，源于人与人之间的交流和心灵的融洽。因此，幸福虽然珍贵但并不昂贵，我们完全可以通过改变自我的心理，养成寻找幸福的习惯，从生活中的点点滴滴，拼凑出人生的幸福生活。

幸福是能够刻意创造的，人人都掌握创造幸福的力量，只要你去寻找幸福，那么幸福就会来到你的身边。这正如亚伯拉罕·林肯所说："我一直认为，如果一个人决心获得某种幸福，那么他就能得到这种幸福。"

心态决定命运，好的心态也就决定了幸福的命运。当我们心存幸福的时候，周围幸福美好的事物就会被吸引过来；反之，当我们心存悲观和失望的时候，周围忧伤、压抑的事物便会尾随而至。

想要拥有一个什么样的心境，这完全取决于我们自己的心理习惯。

从前，有一个名叫乔治的小男孩，脾气非常暴躁，只要有一点儿的不如意，就会对父母发脾气，或者对身边的朋友动怒。由于他经常这样，那些小孩子谁都不喜欢和他玩耍。他的父母为如何教育他，如

何让他拥有一个幸福的人生伤透了脑筋。

有一天，乔治的父亲终于想到了一个教育儿子的好方法。他将乔治拉到了书房，说："儿子，我有一个好方法可以帮你拥有一个幸福的人生，以后你每跟别人发一次脾气，就往墙上钉一颗钉子，好不好？"

乔治对父亲的话将信将疑，不过他还是同意了。从那以后，每次和别人发脾气之后，乔治便会往墙上狠狠敲进一颗钉子。这样，一年下来，乔治向墙上一看，天！墙上居然有一堆钉子！原来自己发了这么多次脾气，看着看着乔治不好意思地低下了头。

这时候，父亲对乔治说："看样子你要克制自己了，你现在不要总想着去发脾气，而是努力去寻找幸福。你每找到一份幸福，就从墙上拔下一颗钉子。"乔治点了点头，按照父亲的办法，小男孩每找到一份幸福就拔掉一颗钉子。

渐渐地，周围的小伙伴看到乔治不再乱发脾气，又都纷纷回到他的身边，而令乔治幸福的事情变得愈发多了起来。就这样，又过了一年，他把墙上的钉子都拔光了。

乔治高兴地对父亲说："你看，我把墙上的钉子都拔光了。"

父亲问他："你是现在幸福，还是和别人发脾气的时候幸福。"

乔治惭愧地说："我现在每天都能找到很多的幸福，而且很多小伙伴都因为我每天在寻找幸福，而和我一起玩，我现在别提有多幸福了。"父亲听完后，也为儿子的改变由衷地感到高兴。

生活中，人人都可能遭遇到不如意的事情，小到打翻一杯牛奶，大到遭遇天灾人祸。小男孩乔治的眼中，一开始紧盯的，总是生活的不如意，以致他每天都和别人发脾气，如此一来别人自然就不愿意和他一起玩了，而他也因此陷入了恶性循环。后来，乔治按照父亲的办法开始寻找幸福，逐渐养成了寻找幸福的习惯，虽然他每天的生活并没有多大变化，但在心态的影响之下，他眼中所看到的东西却截然不同，最终找到了追寻幸福的方式。

心态决定命运，幸福的心态也就决定了幸福的命运。播下一个寻找幸福的行动，就会形成寻找幸福的习惯；播下一种寻找幸福的习惯，就会收获幸福的性格；播下一种幸福的性格，我们将会拥有幸福的人生。

在现实生活中，有很多人抱怨生活不幸福。事实上，生活中处处都充满了幸福，我们不是缺少幸福，而是缺少发现幸福的眼睛。只要善于发现，幸福就在我们身边，因为幸福无处不在。

一个男人在建筑工地上做苦工，一年只能回两三次家，受尽了苦头。夏天暴晒在烈日下，汗流浃背；冬天在大雪纷飞中，忍受严寒。但是，为了生活，为了家人，男人不得不继续忍受下去。

这一天，男人因为工作失误而被老板辞退。想到老婆孩子要跟自己吃苦，男人心一横，决定跟着一个"朋友"去做来钱很快的"大事业"。这个所谓的"大事业"，就是坑蒙拐骗之类的行径。

在做"大事业"前，男人决定先回家看一看，他已经三四个月没有回家了。傍晚，男人回到了家，他看见爱人像往常一样在厨房中忙活着为家人做饭、烧水的场景，眼圈不禁泛了红。这时，正在屋中快乐嬉戏的几个孩子，见父亲回了家，都纷纷兴奋地扑了上去……

男人充满爱怜地拍拍女儿的脸蛋，摸摸儿子的头，然后走进厨房，和爱人一起准备晚饭。他发觉自己简陋的小屋中充满了别样的温馨，内心洋溢起幸福的味道，这时的他才明白原来一家人在一起才是真正的快乐。

第二天，男人离开家了，他对自己说："我不能失去这样幸福的家庭！我要找一份正正经经的工作，然后踏踏实实地干活⋯⋯"

生活中处处都充满了幸福，只要我们细心地寻找，就能发现别样的美丽，进而减轻内心是种种沉重。所以，当生活中遇到失意之时，工作中遇到困惑之际，我们要学会善于发掘身边的幸福，让小小的幸福变成阳光，驱散生活的阴霾。

幸福并不遥远，幸福永远都在你唾手可得的地方。在人生的列车上，你或许会感到无聊、或许会感到劳累，当你为旅程的艰辛而感慨之际，请记得转过头，看看窗外正在飞逝的美景，旅途中最美丽的风景，也只有承受了旅途中最艰辛时光的你，才能尽收眼底。

幸福原则6. 幸福可以假设，你会吗

软卧是列车上最高等的席位，而幸福列车的软卧车厢，只欢迎携带最多幸福的旅客。

在现实生活中，金钱可以为你购买到列车上最高等、最舒适的席位——软卧。但在人生的幸福列车上，想要拥有最高等、最舒适的席

位，就要看你拥有的幸福指数是否达标。幸福是一种心情，是一种选择，很多时候，人们总认为自己被困在痛苦的牢笼里，远离幸福，从而深陷痛苦的深渊不能自拔，使得生活缺少幸福和快乐，可是他们不知道，人生并没有绝境，有的只是绝望的人，我们所有的痛苦都是自己假设出来的。

一个人所能感受到的或拥有的，正是自己思想的直接结果……习惯在心理上进行什么样的自我暗示，是导致幸与不幸，贫与富、成与败的根本原因。

生活中有很多类似的情形：某人得知自己患了癌症，医生告知可能还有几年的寿命，但他却在几个月之后就离世了。这是因为他在内心给了自己一种消极的暗示：我活不了多久了。于是，一切就真的发生了。

既然同样都是假设，那么我们为什么要假设痛苦，而不假设我们应该很幸福快乐呢？如果我们假设自己很幸福，也许那些让人心烦的事情就会全部变成让人快乐的事情，而那些让人痛苦的回忆，也随之会变成幸福的瞬间。

记得有这样一个故事：

男孩和女孩很相爱，但是女孩却迫于父母的压力，和男孩分手并嫁给了别人。为此，男孩每天都生活在痛苦之中，随时游走于崩溃边缘，后来，男孩向一位心理医生求助，希望摆脱这样的困境。

男孩对心理医生说："世界上最大的不幸在我的身上发生了，我和女朋友相亲相爱，但是她却嫁给了别人。从此我没有再见过她，也没收到她的任何消息，我想她一定不幸福，因为她没有嫁给她最爱的人。"

心理医生听他说完后，问："你很爱她，是吗？"

男孩点点头说："嗯，我非常爱她"。

心理医生继续问："那么你会因为她的痛苦而痛苦，因为她的幸福而幸福吗？"

男孩回答说："是的，只要她幸福，让我做任何事情都是值得的。"

心理医生奇怪地问道："你怎么知道她现在不幸福？你说她现在不幸福，是她告诉你的，还是她父母说的？"

男孩说："都不是，是我猜的。"

医生语重心长地说："年轻人，你所有的烦恼都源于你的假设，都是因为假设她不幸福而引起的。所有的一切都是你假设出来的，既然你可以假设她不幸福，那么你为什么不假设她是幸福的呢？"

年轻人听完后，豁然开朗，微笑着向医生道谢离去。

男孩终日生活在失恋的痛苦种不能自拔，而这种痛苦正是假设自己的前女友过得不幸福造成的，心理医生看出了他的心结，只用一个幸福的假设就帮助他找到了消除痛苦的方法。

在生活中，我们每个人都会有心烦的事情，也都会有很多痛苦的回忆。其实这些痛苦的回忆大多是在消极的假设中发生、漫延、演变而成，如果我们也采用这种幸福的假设，心境是不是也会有所不同呢？

要知道，生活中不是缺少幸福和快乐，而是缺少假设。有人说："当正面情绪超过负面情绪的时候，我们就是幸福的。"我们只要保证让快乐永远比痛苦多一点儿，那么就能获得长久的幸福。

我们活在假设的幸福里，虽然有点自欺欺人的感觉，但是最起码我们的心是快乐的。只要我们内心深处假设自己很幸福，那么即使身处逆境，我们也会无所畏惧，也会继续努力追求幸福的希望。

那些在绝境中仍能追寻希望之花的人们，相信无论处于任何情况，他们都会成功。同样，如果我们面对任何环境，都假设自己很幸福，那么世上还有什么事情能够让我们绝望呢？

第二次世界大战结束后，德国作为战败国同样深受其害，整个国家成为一片废墟，民生凋敝，百废待兴。

美国社会学家波普诺带着几名助理到德国进行实地考察。看到德国人民的家园被毁，波普诺非常感慨地问助理们："依你们看，这个民族还能够振兴起来吗？"

有一个助理说："整个国家的房屋都被炸成这样了，怎么可能重建家园，东山再起呢？"

波普诺坚定地说："肯定可以。"

大家问："为什么呢？"

波普诺解释说："你们看，他们每家每户都摆着一盆鲜花，这说明他们还有爱美之心。虽然他们已经国破家亡，但是他们没有对生活失去希望，处处都还洋溢着幸福和快乐。尽管那些都是他们自己假设的，可是只要他们还能够假设幸福，那么这个民族就一定能够重振雄风，一定能够强大起来。"

果然不出多普诺所料，德国人民正是凭借假设重建家园后的幸福生活，相信自己的生活一定会好起来，他们在短短的几十年里，就从民生凋零的状态中迅速恢复，并再度跻身于经济强国行列。

战争虽然给德国带来了灭顶之灾，让整个国家民生凋零、百废待兴，但是德国人民没有放弃追寻幸福和快乐的权利。尽管战争剥夺了他们过安逸生活的权利，但他们还是为自己保留了假设幸福的权利。

人的幸福指数与所拥有的东西多少并不成正比，当你的心相信你拥有幸福的时候，你便是幸福的。人生的道路，总是有顺有逆，如果我们懂得假设幸福，假设自己所在的是一座富丽堂皇的宫殿，那么围绕在身边的就都是幸福和快乐。如此，我们就可以用心里的阳光照亮生活，进而为自己开启一扇幸福的窗户。

幸福原则 7. 心怀春的希望，在阴影里找到亮色

列车穿越隧道之时，一切都将陷入黑暗，但无论多长的隧道，总有抵达出口的时候，而在那头，阳光依旧明媚。

火车行驶，总免不了有穿越隧道、失去阳光的时候；正如人生在世，总免不了有遭遇不幸、失去希望的时候。在这种时候，一个人如果心态消极，满眼看到的都是绝望，那么就算有灿烂的阳光也会觉得悲哀；而一个人，如果怀抱着积极乐观的心态，那么即使寒风凛冽，心中依然会感到温暖如春。不过一念之间，人生却可能大相径庭。

假如你的生命只有一个柠檬，你会怎样？

　　相信不乏有人会失望地说："我的命运真悲惨，命中注定只有一个柠檬。"然后，说这话的人开始诅咒这个世界，结果陷入了抱怨和诅咒的怪圈，自卑自怜地度过一生。

　　而那些积极乐观的人正好相反，他们会微笑着、充满希望地问自己："从这件不幸的事情中，我可以学到什么呢？我怎样才能改变自己的命运，把这个柠檬做成一杯可口的柠檬水呢？"

　　卢克斯是德国西部的一个农民，他无论遇到什么事情都能积极乐观地对待，每一天都过得非常快乐。他曾经把有毒的"柠檬"做成了柠檬水，因此作出了一番成就，获得了幸福人生。

　　那时候，卢克斯看上了一片售价很低的农场，但是当他真正买下那片农场后才发现自己上当了。因为那块地既不能种植庄稼和水果，也不能养殖，能够在那片土地上生长的只有响尾蛇。

　　面对这样的事情，很多人都替卢克斯惋惜，可是卢克斯并没有气急败坏，他知道愁苦解决不了任何问题，有点时间还不如想想怎样把那些"坏东西"变成一种资产！很快，他发现一条好的出路，所有的人都认为他的想法不可思议，因为他要把响尾蛇做成罐头。

　　之后，装着响尾蛇肉的罐头被送到了全世界顾客的手里，之后他又将从响尾蛇体内取出来的蛇毒送到各大药厂做血清，而响尾蛇皮则以很高的价钱卖出去做鞋子和皮包，总之响尾蛇身上的所有东西一下子在他的手上成了不可多得的宝贝。

　　卢克斯的生意做得越来越大，这让很多人刮目相看，为此他成为当地人学习的楷模。每年去卢克斯响尾蛇农场参观的游客差不多有上万人，现在这个村子已经改名为响尾蛇村，成了著名的旅游景区。

买下一块不能够种植、也不能够养殖的农场，对任何一个农民来说都是一件糟糕的事。但是，卢克斯并没有绝望，选择了积极乐观的面对，最终想出了如何从这种不幸中脱离出来的办法，最终走出不幸，创造了幸福。

这是奇迹吗？是奇迹，不过也是必然。幸与不幸，其实不在于生活中遇到了什么事情，而在于你心里是如何想的。没有什么能让你不快乐，除了你自己。只要积极乐观，那么就能看到春的希望，照亮幸福的路。

一个成功的拳击运动员曾说过这样一句话："比赛的时候，当你的左眼被打伤时，右眼还得睁得大大的，因为只有这样才能够看清敌人，也才能够有机会还手。如果右眼同时闭上，那么不但右眼也要挨拳，恐怕命都难保！"

的确，人生总会有不顺心的时候，很多人都会面临各种各样的困境，但是只要我们能够及时地自我调整，积极乐观地为自己加油鼓气，重新唤起对生活的美好向往，我们就能在阴影里找出亮色，不让人生失色。

联合保险公司董事长克里·蒙史东曾这样说："真正的成功秘诀是不要失去希望，如果你能始终坚信心中的希望，以坚定而乐观的心态，去面对一切困难险阻，那么你一定能从其中得到好处。"

克里·蒙史东自幼丧父，因此早早地体恤母亲持家的辛苦，从小便外出打零工来补贴家用。有一次，克里·蒙史东走进一家餐馆正准备向客人叫卖报纸时，不料被餐馆的老板赶了出去，还被狠狠地踹了一脚。

对此，蒙史东没有唉声叹气，也没有叫屈叫冤，他相信自己会是一个很好的销售员。于是轻轻地揉了揉屁股，安慰自己说："我是最棒的，反正做了又没什么损失！"便又拿起手中的报纸，再次进入餐馆向在场的客人叫卖。客人们看蒙史东态度诚恳，且勇气十足，便纷纷劝请老板给他行个方便。于是，蒙史东虽然被踢得很痛，但是口袋里却装满了钱。

中学的时候，克里·蒙史东开始投入保险行业。刚开始，他遇到的困难和自己当年卖报的情况一样，不过他依然安慰自己："我是最棒的，我要相信自己，反正做了又没什么损失！"于是，他鼓起勇气一次次地走进城市里的一间又一间办公室中。

终于，克里·蒙史东卖出了一份又一份的保险。在 22 岁那年，他成立了自己的保险经纪公司。开业的第一天，他就在繁华的大街上卖出了公司第一份保险，接下来他创下了每四分钟成交一份保险合同的奇迹。

克里·蒙史东之所以不会败下阵，并且能够在跌倒后再站起来，是因为他不屈服于命运的摆布，总是积极乐观地对自己进行肯定，重新唤起对美好生活的向往，进而用希望的明灯照亮了通往幸福的路。

不管时境如何变迁，也不管命运怎样安排，只要我们心怀春的希望，善于在阴影里找到亮色，那么就能够积极乐观地与命运做斗争，并最终有机会沐浴在明媚的阳光里，感受到生活的甜美和丰盈。

第五章
知足号航班：平常心才有大自在

心灵容量有限，请尽量减少携带品。

克制贪念，因为鸟儿无法用黄金翅膀飞翔。

方法 1. 拥有一颗平常心，幸福自然来

即便你只坐得起经济舱，也始终会和头等舱的旅客一同抵达目的地。

"每个人都希望得到幸福，可是幸福究竟是什么呢？"对于这个问题，每个人都会有不同的理解，不过最恰当的答案莫过于平常心。

幸福是什么？幸福为何物？幸福就是心灵对生活的一种感觉和领悟，就是以一种平常心态，保持一颗平常心，去努力创造和改变生活，享受上天赐给我们的每一件礼物，这就是幸福。

缺乏平常心的人内心不够平静，自然就会缺少幸福感。现实生活中，很多人之所以感觉不到幸福，并不是因为他们拥有得太少，而是因为他们总是怀着不平常的心态，忌妒着世界上还有比自己拥有更多的人，并在拥有之后还想拥有更多。

殊不知，人生在世每个人所走的道路是不同的，相应每个人所拥有的也不尽相同。我们只有保持一颗平常心，不在意别人拥有什么，为自己所拥有的心怀感恩，并倍加珍惜，这样才能体味到幸福最本质的滋味。每个人拥有能力不同，但是有一条是亘古不变的道理就是每个人的人生都不会是一帆风顺，拥有一颗平常心的人会把这一切归于平淡，尽情享受自己所拥有的；而没有一颗平常心的人，无论是得到还是失去，无论愿望实现与否，他们感受到的都只有痛苦。

从前，有一个年轻人每天都患得患失，不是害怕失去这个，就是害怕失去那个，每天都被这些凡尘琐事所困扰，什么事情都干不下去。他明白不能一直这样下去，于是就去寻求能够解脱烦恼的途径。

年轻人来到了一座山脚下，那里是一座牧场。他看见有个牧羊人骑着马，吹着笛子，牧羊人在美妙动听的乐声中怡然自得，满脸的幸福。年轻人非常羡慕，便上前问道："你怎么过得这么幸福？难道一点儿烦恼也没有吗？"

牧羊人说："骑骑马，吹吹笛，就没有烦恼了。"

年轻人按照牧羊人所说的也骑骑马，吹吹笛子，可是他一点儿幸福的感觉也没有，他觉得这个方法对自己没有任何的作用。于是便放弃了这个方法，继续寻求。

过了一段时间，年轻人来到一座茅草房前，看见一个老人在房前的花丛中怡然自得地浇花，脸上带着满足的笑意。年轻人一看便感觉这位老人不一般，于是就上前深深地鞠了一个躬，并向老人说明来意，希望老人能给自己一些帮助。

　　老人家听完年轻人的话，笑了笑，说道："有人锁住你了吗？这完全取决于你自己的内心。如果你自己怀着一颗平常心，用平常的心态去看待发生的任何事情，你能不快乐吗？真正困住你的，不是别人而是你自己。同样，真正能够让你解脱的，不是别人也只能是你自己，关键就看你有没有一个平常的心态。"

　　年轻人听完老人家的话，顿时茅塞顿开，向老人家鞠了一躬道谢而去。

　　生活本身就是这样，幸福与否要看我们自己如何看待自己所拥有的。就像故事里的这个年轻人一样，没有人绑住他的手脚，也没有什么束缚了他。可是，他没有一颗平常心，每天总是患得患失、郁郁寡欢。没有人剥夺他追求幸福的权利，是他自己放弃了追求幸福的权利。

　　因此，从另一个方面来说，要想拥有幸福，我们首先就要懂得打开自己的心扉，让自己怀着一颗平常的心，用平常心去面对万事万物，如此才能尽情地去享受自己现在所拥有的一切。

　　美国著名的教育家杜朗才曾阐述过他寻找幸福的经历：

　　他企图从知识里寻找，但是，他的梦想破灭了，在知识里他没有找到所要的答案；他想通过旅行来寻找幸福和快乐，结果得到的只是疲倦；他又想从财富里寻找，结果得到的只是钩心斗角。

　　历经多种方式，他始终都没能如愿寻找到幸福。直到有一天，他看见一位年轻妇女坐在一辆小汽车里，怀里抱着一个熟睡的婴儿。这时，一位中年男子从火车上下来，直接走到汽车旁边，吻了一下妻子，又轻轻地吻了一下熟睡的婴儿，最后小心翼翼地上车离去。

这家人虽然离去了，但是这个重逢的温馨场景却在杜朗才的脑海里挥之不去，他明白了原来幸福就在这些平平淡淡的生活中，并非那样复杂且遥不可及。

只要用一颗平常心去看待生活，那么就会发现幸福的真谛。

其实幸福不光是杜朗才看到的那一幕，生活中的每一个角落都散落着幸福，只要我们用一颗平常心去看待，那么就会发现幸福，而幸福感也就会涌向我们心里。

值得一提的是，幸福不是用眼睛去看，而是应该用心去体会的。那是一种对生活的感悟，是一个人内心的愿望得以实现的瞬间。在生活中，我们每一个人对生活的理解都各不相同，每一个人的幸福也各不相同。

比如，对于一个饥饿的人来说，能够吃上一顿粗茶淡饭，就是非常幸福的事情；而对于一个不被人重视的人来说，能够被他人尊重就是非常幸福的事情；对于一个镇守边疆的战士来说，能和家人团聚就是非常幸福的事情；对于一个重病在身的人来说，能摆脱病痛就是非常幸福的事情……

总之，拥有一颗平常心，不要对生活有太多的奢求，只有学会欣赏平平淡淡的生活，我们才能在生活的每一角落发现人生的乐趣和意义，才能懂得细细品味和感受生命中的分分秒秒，这样幸福自然也就来了。

方法 2. 把握住自己所拥有的，幸福就已经足够多

坐在价位适中的商务舱，选择幸福不足还是快乐有余，决定于你的目光往哪个方向看。

生活在社会中，我们不必奢求太多，只要把握住自己所拥有的，好好打理自己的生活，精心经营自己的幸福，我们就能真正地发现幸福、享受幸福。

可是，在现实社会里，很多人往往看不到自己所拥有的，而是一直处于羡慕别人的状态，却对自己的幸福熟视无睹。因为只看到自己某些方面不如别人，而看不到自己突出的一面，所以总是觉得别人比自己幸福，久而久之，必然会给自己心灵的天空涂上一层阴影，从而失去本来所拥有的幸福。

要知道，每一个人身上都有能使自己感到幸福的闪光点，拥有这些就已经足够。假如我们能多关注自己身上的幸福，寻觅到那份原本属于自己的幸福，那么就会成为全天下最幸福的人。

在毕业十周年的聚会上，林西大学时的好友语嫣成了聚会上众人瞩目的焦点。

当年，大学毕业后，语嫣找到了一份收入可观的工作，不久又认识到一位非常英俊的男子，于是他们坠入了爱河，并顺利踏上了婚姻

的红地毯。之后，他们有了一个活泼可爱的女儿，生活变得更加甜蜜幸福。更加羡煞旁人的是，人们都说岁月无情催人老，可是岁月对于语嫣来说好像停止了一般，十年后的今天语嫣依然年轻靓丽、光彩照人，浑身散发着一种迷人的气质。

聚会结束后，林西和语嫣同乘一辆车回家。一路上，语嫣沉默不语，满脸忧伤。林西非常奇怪，问道："怎么了，嫣？"

语嫣感叹道："唉，为什么我这么不幸？上天为什么要这么惩罚我？"

林西非常不理解地问："为什么这么说呢？今晚你夺取了大家的眼球，是众人瞩目的焦点，人人都在羡慕你！你还有什么不幸福的呢？"

语嫣叹了一口气，不无伤感地说道："同样是十年努力，我竟然事事不如别人。A同学现在腰缠万贯，浑身珠光宝气；B同学家的房子有二百多平方米；C同学的老公已经是处级干部了……"

林西听完笑了笑，说："你为什么不换个角度看呢？你看，虽然A同学腰缠万贯，生活富足，但为了赚钱，他已经一整年都没有休过假了；B同学虽然有200多平方米的房子，可为了供房子，他们夫妻俩不得不东奔西跑，连陪伴儿子的时间都没有……相比较而言，你有一个英俊体贴的丈夫，有一个健康可爱的女儿，还有大把的时间和他们一起享受天伦之乐，你不是比她们都幸福吗？"

听完林西的话，语嫣恍然大悟，自己真是庸人自扰，与其去羡慕别人的幸福，还不如好好珍惜属于自己的那份幸福。想到这里，语嫣终于露出灿烂的笑容，无限感慨地说："原来我一直都很幸福！"

语嫣本身是很幸福的，甚至在同学聚会时都是众人瞩目的对象，大家都非常羡慕她，认为她很幸福。可是，她却忽略了本属于自己的幸福，把自己的目光集中在别人的幸福上，一味地去羡慕别人的幸福，以至于对自己所拥有的一切都视而不见，觉得自己不幸福，郁郁寡欢。幸运的是，经过林西的提点，她没有沉迷下去，很快就发现自己的幸福原来一直握在自己手中。

其实，幸福一直就在我们的身边，那些所谓不幸福的人，只是有些愚钝。他们手握着幸福却浑然不知，反而贪婪地去追寻不属于自己的镜花水月，最终让幸福悄悄溜走，把自己变成了真正不幸的人。

殊不知，幸福是一种内心的感觉，是一种对自己所拥有的满足感。与其努力去寻找别人的幸福，还不如好好寻找属于自己的那份幸福并好好把握，只有这样人生才能幸福和快乐。

有一部电视剧叫《老大的幸福》，剧中主角傅老大是一位快乐的足疗师，他不如当董事长的弟弟老二有钱，不如当处长的老三有权，更不如当演员的老四风光，还不及做教师的小五体面。

但是，在兄妹五人中傅老大却是最幸福的。他的弟弟妹妹们虽然有权、有钱、有名、有面，可是他们却为名利所累，身为房产公司董事长的老二一切事情都以公司至上，一切行为都以利益出发，与他人的关系也是赤裸裸的金钱关系；官居显位的老三一心想要往上爬，整日卑躬屈膝、畏畏缩缩；作为演员的老四怀揣着大腕的梦想，在娱乐圈中痛苦周旋，表面风光却暗地里流泪；身为教师的小五，被学生家长搞得狼狈不堪，以致最后抛弃真情、攀富求贵。

总之，他们有钱的想要拥有更多的钱，有权的想要拥有更大的权，风光的不满足现状，体面的终日为升迁无望而烦恼。虽然他们的物质生活比起老大来优越许多，可是在他们的内心深处距离幸福却很遥远。

而傅老大呢？他不在乎手里有多少金钱，也不在乎自己手上有没有权力，更不在乎自己是不是体面。他通过做足疗挣钱养活自己，只求把握住当前生活，日子过得踏踏实实、舒舒服服，要比那些有"事业"、有"粉丝"的弟弟妹妹们幸福多了。关于幸福，傅老大有自己的定义："吃一只腌鸭蛋，嘿，就是幸福。"

傅老大是兄弟姐妹中拥有最少的，但同时也是拥有最多的。从客观物质条件上来说，他拥有的东西远远比不上其他兄妹，但从心理上来说，其他兄妹眼中的幸福，却远远少于傅老大眼中所看到的幸福。因为傅老大的眼睛一直看着的，是自己拥有的东西，而其他人的眼睛一直看着的，却是自己没有的东西。

傅老大的幸福关键就在于，他懂得关心自己所拥有的生活并好好经营。试想，如果他片面地和弟弟妹妹们去比较，总是着眼弟弟妹妹们比自己优越的一面，那么他还会那么幸福吗？答案不言而喻。

有这样一句话："玫瑰就是玫瑰，莲花就是莲花，只去看，不去攀比。"的确，玫瑰有玫瑰的娇艳，莲花也有莲花的清淡，两者无须比较，也没有根本的可比之处。只要把握住属于自己的生活，那就是一种美好和幸福，不是吗？

方法 3. 欲望越多，幸福越少

能够坐上知足号头等舱的人，不是拥有最多的人，而是欲望最少的人。

漫漫人生路，总是会面临无数诱惑和选择。我们每个人都有欲望，都希望丰衣足食，都想过上美满幸福的生活。欲望本身并非坏事，它可以激发我们不断向前，让我们在人生道路上积极进取。

但是，如果欲望太多，变成不合理的欲求、无止境的贪婪，想要得到的东西越来越多，要求得到的也远远超出自己实力所能承担的范围，那么我们无形之中就会成为欲望的奴隶，如此又何谈幸福呢！

在现实生活中，我们之所以感受不到幸福，往往并不是幸福与我们无缘，而是我们的期望太高，往往达到一个目标后，又会突然转向另一个更高的目标，永远没有满足的那一天。人生最大的苦恼，并不是自己拥有的太少，而是自己的欲望太多。

伊索寓言里有这样一段话："许多人为了拥有更多的东西，到最后却把现在拥有的也失去了。"导致这一切的原因就是我们欲望太多，追求的结果却是失去了本身拥有的幸福。

从前，有一对兄弟自幼父母双亡，二人相依为命地过着十分辛苦的生活。但是，他们从来没有抱怨过，每天起早贪黑忙得不亦乐乎，日子不但过得快乐、幸福，兄弟情谊也变得更加牢不可破。

有一天，神知道了他们的情况，他被二人这种互相扶持的兄弟情义所感动，便决定帮他们一把，于是给兄弟俩托梦说："远方有一座太阳山，山上布满了金子，你们可以去拾取。得到那些金子后，你们这辈子就衣食无忧了。"

从睡梦中醒来，兄弟二人商量了一下便决定去太阳山。一路上，他们遇到了各种毒蛇猛兽、豺狼虎豹，天空中还时常狂风大作、电闪雷鸣。面对这些艰难险阻，他们并没有放弃，而是咬紧牙关、团结一致，最终到达了太阳山。

在这里，兄弟俩看到漫山遍野都是黄金，于是兴奋地捡了起来。哥哥比弟弟力气大，捡到的金子自然也就多。这时，已经被欲望蒙蔽心智的哥哥心想："这些金子如果归我一个人所有，那么我就会成为富甲一方的富翁了。这样，我可以买一个大宅院，再买几头牲口，还可以娶到漂亮的媳妇。但是有弟弟在的话，就要分一半给他了，多不划算！"弟弟猜到了哥哥的意图，同时自己也想将这些财富全部占为己有。

曹植七步诗曰："煮豆燃豆萁，豆在釜中泣。本是同根生，相煎何太急。"但此时兄弟俩的心智已经被欲望蒙蔽，不惜向世上唯一的亲人下毒手，最后弟弟被哥哥推入了悬崖，而哥哥背着沉重的金子往回走时，势单力薄的他也被一头老虎吃掉了，兄弟俩的幸福就这样消失殆尽。

人可以共患难，却往往难以共富贵。可见，欲望才是人性中最可怕、最难战胜的敌人。故事里的兄弟俩，他们一开始日子过得非常清贫，欲望很少，因此得到了弥足珍贵的兄弟情，日子过得幸福快乐。但是，当他们得到金子后一切都变了，拥有得多非但没有让他们找到幸福，反而激发出了他们的贪欲，以致他们被欲望蒙蔽了心智，拥有巨额的财富还想拥有更多，结果反目为仇，而没有了相依为命、互相扶持之后，兄弟俩的生命也就都走到了尽头。

人们常用"欲壑难填"来形容贪欲无止境的现象，人一旦陷入欲望的沟壑中，无休无止的欲望便会让人变得倍加贪婪，总以为自己的付出与获得不成正比，总希望以最少的成本获得最大的回报。于是，为了满足自身的贪欲，为了求得心理上的平衡和欲望的满足，不停地索取，不停地追逐，最后反而弄巧成拙。

托尔斯泰曾经说过："欲望越少，人生就越幸福。相反，欲望越多，幸福就会越少。"欲望是无止境的，正是由于我们拥有太多的欲望，所以面对诱惑时才会不能自拔，最终迷失了自己，让幸福离我们远去。

我们再来看一个形象的例子：

有一个乞丐靠着沿街乞讨为生。每天他总在盘算自己手头要是有2万元，那么就会在街边开一家小小的商店，再也不过乞讨的生活。因为这样的生活他就已经非常满足，不会再有其它的奢求了。

有一天，这个乞丐在街头发现了一只走丢的小狗。他环顾四周，见空无一人，于是就把小狗抱回了自己居住的破窑洞里。他本以为这只是一只普通的小狗，不承想这只狗的主人居然是该市有名的大富翁。

大富翁非常疼爱这只小狗，小狗丢了后他十分着急，在当地电视台和各大媒体都发布了寻狗启事，并许诺：谁要是能将小狗捡到并送回，愿意出 2 万元作为酬金。

乞丐看到这则启事后，迫不及待兴奋地跑回家抱着小狗，准备去找富翁领那 2 万元酬金，然而当他抱着小狗走到街上时，启事上的酬金已经变成了 3 万元。

乞丐揉了揉自己的眼睛，又狠狠地掐了一下自己的胳膊，当意识到这一切不是梦时，他突然停下了前进的脚步。他想：这只狗这么珍贵，还是等酬金涨到足够高的时候，再把小狗送回去吧！于是，他转身将狗抱回了窑洞。

果然，到了第三天，酬金又涨了，第四天继续上涨，直到第七天，寻狗启事上的酬金涨到让市民们都感到惊讶的地步。乞丐心想这下可真的是发财了，于是兴奋地跑回窑洞，准备将小狗还给富翁。

正当乞丐满怀希望抱狗的时候，却看到了让他意想不到的事情——那只可爱的小狗已经被活活饿死了。

当乞丐发现路旁的小狗时，因为动了恻隐之心而收留了它，不想却迎来了一个意外改变人生的机会。但欲望让乞丐迷失了自我，暴露了贪得无厌的本性，而这种贪婪，不仅让乞丐失去了"梦想成真"的机会，同时也让无辜的小狗失去了生命，而失去小狗的富翁呢，再多的钱也找不回这位重要的伙伴了。一丝善良，迎来了意外的惊喜；而一颗贪婪的心，却造就了一连串的悲剧。

就如法国启蒙运动代表人物卢梭曾经说过的那样："人生在世，10 岁的时候被糖果所俘虏，20 岁的时候被恋人所俘虏，30 岁的时候被快乐所俘虏，40 岁的时候被野心所俘虏，50 岁的时候被贪婪所俘虏。人究竟到什么时候才能摒弃无休止的欲望呢？"

其实，对于舍弃贪欲之事，自古以来就有很多先贤们作过这样或那样的教导。《老子》第四十六章有言："祸莫大于不知足，咎莫大于欲得。"这句话的意思是，灾祸没有比不知满足更大的，过失没有比贪得无厌更严重的。

总之，欲望越多，幸福越少；欲望越少，幸福越多。只要我们适时地舍弃一些贪婪的欲望，有为于舍弃，不为于索取，以洒脱的姿态来面对生活，那么幸福自然就会来到我们的身边。

方法 4. 别被金钱牵着鼻子走

人生之旅中，我们所背负的行李有亲情、友情、爱情、感恩、珍惜、宽容、金钱……当行李过重时，你会选择丢弃哪一样？

俗话说，"金钱乃万恶之源"，这并非因为金钱本身是邪恶的，是不好的，反而恰恰是因为金钱好，因此很多人为了追求金钱，丢弃了人生其他更重要的行囊。然而，当真正拥有了金钱，却失去其他之后，人们才会发现，最重要的幸福早已经烟消云散。

俗话说，"君子爱财，取之有道"，我们每个人都有追求财富的权利。不过，我们一定要明白：要想获得幸福，就不要将金钱看得太重，如果视金如命，那么就会永远得不到满足，永远被金钱牵着鼻子走，永远寻找不到幸福。

其实，在现实生活中，被金钱牵着鼻子走的人很多。有的人为了金钱，不惜背信弃义，置友情和亲情于不顾；有的人为了金钱，不惜以身试法，以致陷入身败名裂的境地；有的人则紧抓金钱，以致心累疲乏。

很久以前，有一对靠拾破烂为生的夫妻，每天天不亮就出门推着一辆破车到处拾破铜烂铁，一直到太阳下山才回家。回到家后，他们常常在屋子里拉弦唱歌，日子过得逍遥自在、幸福无比。

他们的对门住了一个很有钱的富翁。富翁每天都坐在桌前打算盘，算算哪家的租金还没收，哪家的欠账还没还，每天总是很忙，很烦恼。他看对门的夫妻每天都很快乐幸福，羡慕之余又非常奇怪，便问他的伙计：“我这么有钱，为什么一点儿都不幸福，而对门那对穷夫妻穷得叮当响，每天还那么开心呢？”

伙计听了，眨了眨眼对富翁说：“老爷，您想让他们不再幸福吗？只要您给我一贯钱，我把钱送到他们家，我保证他们以后再也不会拉弦唱歌，他们的幸福生活也会戛然而止。”

富翁不相信地摇摇头说：“给他们钱，他们不是会更幸福吗？”

伙计说：“您试一试便知道了。”

于是，富翁把钱交给了伙计。当伙计把钱送过去的时候，那对夫妻非常高兴，他们想把钱放在家中，可是门又没法关严；想把钱藏在墙壁里，可是墙用手一扒就会开；想把钱放在枕头底下，可是又怕丢了……

总之，那对夫妻很烦恼，整个晚上都在为这贯钱操心，一会儿躺下去，一会儿又爬起来，就这样翻来覆去地折腾了一夜。从那以后的好几个晚上，富翁果然再也没有听到他们拉弦唱歌了，他们真的不再幸福了。

由此可见，当面临金钱考验的时候，一个人如果将金钱看得过重，那么就会被金钱所占有，从而沦为它的奴隶，正如哲学家所说的那样："他并没有得到财富，而是财富得到了他"，如此又谈何人生的幸福呢！

这样的例子并不少见，有些人费尽心思，绞尽脑汁想多得一些利益，多捞一点儿好处，结果却是偷鸡不成蚀把米，不但自己没有得到任何好处，还被金钱牵着鼻子走，最后让自己失去很多。

事实上，金钱虽然是财富的象征，人生在世谁也离不开钱，但是金钱并不能左右甚至主宰我们的生活与幸福，它和幸福之间并不能画等号。有钱能够买到房子，但是买不到家；有钱能够买到情人，但是买不到爱；有钱能够买到光亮，但是买不到温暖。

在我们的人生中，最珍贵的是人格，我们不应该因为金钱而放弃最珍贵的人格。只有这样，我们的生活才能不被金钱所累，我们才能坦坦荡荡、轻轻松松地生活，进而创造幸福的生活。

一个屠夫为了多赚点儿钱，去秤店专门定做了一杆特殊的秤。他对秤店的老板说："我要定做的秤叫作每斤少一两。"也就是说他每卖出一斤的肉，收别人一斤肉的钱，却给人九两的肉，这是缺斤短两的伎俩。

几天后，屠夫终于拿到了他梦寐以求的秤。第二天，他便用那杆秤做起了生意，但是让人意想不到的是，没有一个顾客投诉他缺斤短两，反倒是顾客越来越多，生意做得异常红火。

经过几年的经营，屠夫终于成为有钱人，过上了富裕的生活。他十分感激秤店的那位老板，于是带着厚礼来到秤店，向老板诉说自己的感激之情。

谁知，老板和屠夫说："你用不着谢我，还是去谢谢你的妻子吧。那天，你前脚刚走，你的老婆就来了，她不让我给你做你要的那杆秤，而是让我按照她的意思给你做了一杆秤，叫作每斤多一两，意思是你每卖出一斤肉，收的是一斤肉的钱，实际上给顾客的却是一斤一两的肉。"

屠夫听后，感到非常惭愧，终于知道了自己生意好的原因：原来多给顾客一两肉，就能赢得如此好的名声，原来真正的幸福不能计较一时的得失与利益，只有这样才能收到意想不到的效果。

从那以后，每当和别人做生意的时候，屠夫总是让利给对方，很快他让利的名声被宣传了出去，很多人慕名而来，主动提出要与他合作。几年后，这个屠夫已经成为富甲一方的商人。

屠夫的故事非常有趣，他原本锱铢必较，试图不择手段地用短斤缺两的秤来为自己聚敛金钱，可没想到，他的秤却被自己的老婆掉了"包"，于是他反而成了吃亏的人。但更有趣的是，在不知不觉的吃亏中，金钱却滚滚来到他的怀里，实现了他富甲一方的梦想。可见，真正能得到金钱的方式，并不是去斤斤计较一分一毫，而是愿意敞开慷慨大方的怀抱。人心都是肉长的，当人们感受到你的慷慨大方后，必然也愿意对你慷慨大方，如此一来，你所得到的赚钱机会自然越来越多，所获得的利益自然也就越来越多。

在人生的行囊中，金钱无疑是一眼看上去最为夺目的，它闪烁着迷人的光彩，牵动着每一个人的心。然而，只要你仔细去看，便会发现，金钱虽好，真正弥足珍贵的东西，却并非是它。这个世界上，各处都散落着金钱，可你背囊里的其他东西，亲情、友情、爱情、感恩、珍惜、宽容……如果失去了，就可能再也寻不回来了。

不要总是让金钱牵着鼻子走，不要因为金钱而失去了更加珍贵的东西。在生活中，我们要想获得心灵的平静与幸福，就必须要将金钱看淡一点，把金钱看作身外之物，无论是已经拥有的还是即将拥有的。

方法5. 别把生活装太满，幸福就像永动机

人处于高空飞行时，消化液分泌量减少，胃肠功能减弱，更易出现消化不良等现象，建议不要在过饱和空腹状态下坐飞机，飞行中多喝温水，少喝啤酒和可乐等饮料。

"八分饱"是人们进食后最为舒适的状态，这个时候，饥饿感已经荡然无存，肠胃负担也不至于过重。生活中不管做什么事情，都应该进退有度，实现"八分饱"，正所谓"凡事有度，过之则犹不及"所说的正是这个意思。

在生活中，很多人都有过这样的体会：往暖水瓶里灌热水的时候，如果将水灌得太满，那么热水瓶里的水很快就会冷却下来，最终起不

到保温的作用。这是因为热水瓶盖能传热，水灌得太满就会与暖水瓶的塞子接触，热气就会通过盖子散发出去。所以，有经验的人，都不会把水灌得太满。

我们在生活中也是一样，人生在世，凡事都不要装得太满，要把握一个度，只有这样才能让自己、让别人保持一个最佳状态，幸福也才能像永动机一样充满活力，这不仅是一种生活方式，更是一种生活艺术。

从前，有个非常优秀的年轻人，从小志向就十分远大，他希望自己能够成为一名大学问家。时光荏苒，岁月如梭，很多年过去了，这个年轻人在很多方面发展都不错，可是唯有学业却没有任何长进，成为大学问家的梦想也始终没有实现。

年轻人百思不得其解，便去向一位大师求教。大师听完年轻人的故事后，并没有急着帮他解决难题，而是非常轻松地说："年轻人，我们一起去登山吧，到了山顶你就知道该如何做了。"

在登山的路上，大师让年轻人看到喜欢的石头就装在袋子里背着，结果没走多远，这个年轻人就吃不消了。他气喘吁吁地说："大师，我背不动了，再背的话，别说走到山顶，恐怕我连动一动的力气都没了。"

听到这话，大师微微一笑，说："这些石头即便你再喜欢，也到了该舍弃一些的时候了。要是你把每一个喜欢的石头都背在身上，那么背着如此沉重的石头，你怎么可能登上顶峰呢？"

大师虽然没有明显地点明玄机，但是年轻人心中一亮，于是，哪怕遇到再喜欢的石头他也不再拾捡了，就这样他轻松地爬上了顶峰，尔后向大师道谢后走了。后来，他一心做学问，最终成了一名大学问家。

石头就如同人的欲望，当人生道路上我们所背负的欲望太多时，就会将自己的行囊装得又满又重，从而拖住自己前进的步伐。这样一来，欲望就成了幸福路上的"绊脚石"。在大师的教化下，聪明的年轻人明白了这个道理，当他不再一味地拾捡喜欢的石头，舍弃心中不必要的欲望时，自然轻松抵达了幸福的终点，得到了人生中最想要的东西。

有人说人活一世就应该轰轰烈烈地追求生命的极致，如果不把生活装得很满，凡事都要留有余地，那么这样的人生既单调又压抑，我们这一生不是白过了吗？生命又还有什么意义呢？

殊不知，如果我们放不下手中的名利、职务、待遇等，舍不得将多余的东西从生活中剔除，那么非但能活得精彩，反而会作茧自缚，自毁人生。

我们再来看这样一个故事：

有这么一对夫妻，为了生计，他们在自家门前开了一间家庭小餐馆，生意非常红火。两口子每天五六点就起床忙活，从早到晚都忙得昏天黑地的，一刻也不得轻松，虽然整天满脸倦容，但是他们仍然乐此不疲。

邻居看他们每天都这么忙碌，怕他们身体吃不消，于是就好心劝他们早上迟一点开门，多抽出点时间来休息。可是，他们却说："不行啊，那个时间段正是挣钱的时候，我们怎么能放弃这么好的赚钱机会呢？"

终于有一天，男主人由于长时间劳累，身体出现了毛病住进了医院，妻子为了照顾住院的丈夫，不得不关了店门，最后挣得那点钱全都支付了药费。

在这个故事中，这对夫妻努力赚钱，这本是无可厚非的事情。然而，因操劳累垮了身体，以牺牲健康去换取那点钱，这就得不偿失了。如果当时他们听邻居的话，不将生活装得太满，学会休息，那么就不会导致这样的结果发生。

我们每一个人都是赤条条来到这个世界，最后又都会两手空空而去。人生本来如此，原本就没有带来什么，最后也不能带走什么，那么在世上生活的漫长岁月里，我们又何必将生活的包袱装得太满呢？

就如人们所总结的：人出生的时候总是握着拳头，仿佛在说："整个世界都是我的，我要征服全世界。"可是当人死的时候，却是双手摊开，仿佛在说，"看吧，我什么也没带走"。只有走过之后，我们才会领悟到，我们生前处心积虑得到的一切，到最后一样都不会带走，得到再多也是枉然。

所有的功名利禄，所有的荣华富贵都犹如浮云一般，生不带来死不带去。既然占有再多也是徒劳，那还不如放弃奢望、学会放手，尽情享受我们现在所拥有的，享受蓝天、白云、明月、星辰、花草、大地……人生最幸福，莫过于"八分饱"，吃饭亦然，做事亦然，欲望也亦然。

第六章
快乐自驾游：何妨迷路看风景

自己掌握行程，不走寻常路。

将回忆带走，将心意留下，

最美的风景属于最努力最勇敢的人。

策略 1. 艰苦的耕耘是幸福的起点

自驾游，准备工作很重要，带齐装备，看好地图，为快乐的旅行打好基础。

自驾游无疑是各种旅行方式中最自由的，在这种自由中，我们总会遇到更多的艰难，也总能收获更多的幸福。在进行自驾游之前，准备工作至关重要，我们必须看好地图，计划好路线，设想到旅途中一切可能会遭遇的事情，并带上相应的装备……不要嫌准备工作麻烦，当你真正踏上人生的自驾游时，你才会发现，准备是否充分，是决定你自驾游是否能够成功的关键。

有一个农夫自小贫困，通过勤勤恳恳努力之后，终于拥有了一个非常大的葡萄园。然而，他的儿子们却好吃懒做，终日游手好闲，这让农夫感到十分伤心，在快要辞别人世时，他终于想到了一个办法。

这一天，农夫把几个儿子叫到床前，向他们宣读遗嘱。他说："孩子们，我就要离开人世了，我把宝物埋在了葡萄园的每个角落，等我走了，你们就去把它们统统找出来，这样以后生活就不用发愁了。"

说完后，农夫便去世了。等安葬了父亲，儿子们便拿上铁铲、锄头等工具，卖力地把葡萄园的土地翻一遍，以为能找到父亲所藏的宝物，可是他们什么宝物都没有找到，第二天，第三天……依然如此。

儿子们觉得很失望，认为父亲让他们白白辛苦了一场。不过，他们这场"寻宝"活动，无疑好好地耕作了一番葡萄园，经过彻底翻整的土地十分有利于葡萄的生长，所以这年的葡萄长得又多又好。

因此，几兄弟酿出了方圆几十里最好喝的葡萄酒，并且销售一空——果然发了财，而这正是他们父亲的意思。他们明白了父亲的用意：只有勤劳耕作，葡萄园才会丰收，也才会不断地创造更多的财富。

这个故事告诉我们：不管是主动还是被动，只有辛勤耕耘，才能结出丰硕的果实，才能享受得到丰收的喜悦。幸福也是一样，想要拥有它，就必须经过一番艰苦耕耘。

不经历风雨怎么能见到彩虹，彩虹之所以美丽，是因为经过了风雨的洗礼。同样，幸福也是经过艰苦耕耘后才会拥有，此时收获的幸福才最真，也最值得加倍珍惜。

相反，不愿意进行艰苦耕耘，只愿意安享安逸生活的人，极有可能丧失斗志、不求上进。毋庸置疑，如果真有这么一个人，那么这个人的幸福感便会渐渐消失，到最后很有可能是失去享有幸福的能力。

从前，有一个猎人在狩猎的过程中，从高山之巅的鹰巢里，抓到了一只幼鹰。于是，他便把幼鹰带回了家，养在鸡笼里。这只幼鹰和鸡朝夕相处，每天都和鸡一起啄食、嬉闹和休息。

随着时间的推移，这只鹰渐渐长大，羽翼变得丰满。猎人想把它训练成猎鹰，可是尝试了各种各样的办法，都没有任何的作用。原来，这只鹰终日和鸡混在一起，在它眼里自己就是一只鸡，已经变得和鸡一样，没有翱翔天空的斗志了。

最后，猎人把鹰带到山顶上，一把将它扔了出去。这只鹰像一块石头般，直掉了下去。在即将坠入地面时，一股强烈的求生欲望，让它在慌乱之中张开翅膀，随着翅膀一张一合，它感到自己的身体变轻了，一举飞过了山头。

翱翔于天空的苍鹰整天和鸡一起过着饭来张口的日子，终于失去了翱翔的斗志，更别说体会鹰击长空的幸福。幸好，主人让它经历了生与死的考验，让它在奋力拼搏中学会飞翔，体会到了翱翔的幸福。

在生活中，当我们习惯了安逸之后，便不愿意再进行艰苦的耕耘，因为这让人步履维艰、寸步难行。但是，幸福不是一种结果，不是靠我们整天坐着等着就能得到的，它需要我们付出辛勤的劳动去换取，去赢取。

我们再来看一个事例：

汤姆·莫纳汉是美国第二大比萨饼连锁集团的创始人，他曾经向朋友讲述了他的一段真实经历：

1960 年，汤姆和哥哥合伙做生意，由于市场疲软，生意越来越难做，他们破产了。不甘心就此失败的汤姆和新的合伙人又开了几家饼店，所有的店都在汤姆的名下，并且也由他来打理，新合伙人只负责出资。但是，天公不作美，合伙的饼店也破产了，汤姆为合伙人背了一身的债务。

经受这么大的打击，汤姆并没有倒下，他决定重新开始。通过一番努力，第二年汤姆不但还清了所有的债务，而且还赚了 5 万美元。但是好景不长，一场突如其来的大火烧毁了他的饼店，这让汤姆几近破产。

就在这样艰难的局势下，汤姆还是没有放弃。他尽量削减开支，以弥补损失。1967 年 4 月，第一家达美乐授权专营店开业了。可是，汤姆的店扩张太快，由于缺乏管理经验，再加上资金投放方向的错误，在随后的日子里，由于资金短缺，整个达美乐陷入了一场危机之中。

汤姆汲取教训，之后经过苦心经营，慢慢地恢复了元气，并偿清债务。皇天不负有心人，终于，汤姆的公司在竞争激烈的市场中占有了一席之地，并获得了丰厚利润，而他随之也跻身于上流社会，成为美国著名的企业家之一。

对于自己的成功，汤姆这样说："我觉得，任何人不可能轻而易举地就得到他想要的东西，也不可能轻而易举地得到幸福。即使有，也会很快失去。天下之事易得易失，难得难失。只有经过苦心经营，得到了梦寐以求的，我们才会加倍珍惜，才能体会到幸福的滋味。"

幸福是要靠自己艰苦的耕耘才能得到的，汤姆正是明白这一道理，所以当面临种种困难的时候，他始终不肯放弃，积极面对。而这也正是他获得最后的成功，找到属于他自己幸福的主要原因。

一场旅行想要圆满，就离不开一个周密的计划与准备；而一个人想要获得幸福，就必须具有艰苦耕耘的勇气和决心。幸福是难能可贵的，艰苦耕耘未必就一定能获得丰收，但如果没有这份耕耘，我们就注定与丰收无缘。在人生的自驾游中也是如此，想得再多，计划得再多，也不能保证我们拥有一场顺利的旅行，但毋庸置疑的是，若没周全的准备与计划，自驾游的成功指数则几乎为零。

策略 2. 为生命做一个幸福规划

自驾游中，路线的规划与设计决定了你即将收获的风景与体验。

孔子曾经说过："吾十有五而志于学，三十而立，四十而不惑，五十而知天命，六十而耳顺，七十而从心所欲，不逾矩。"西方有位哲人也曾经说过："如果你不知道自己要到哪儿去，那么你通常哪儿也去不了。"

我们的职业需要规划，我们的家庭需要规划，我们的生命更需要规划。为生命做一个规划，是对我们生命负责的表现，更是赢取幸福的保障。

在人生的道路上，我们总会面临很多的十字路口，也会有很多的诱惑。如果没有一个详细的人生路线规划，那么我们只会彷徨不知前进的方向，甚至可能因为抵挡不住诱惑，而走上不归之路，偏离幸福的目的地。

晴川对自己现在的工作很不满意，想换一份新的工作，希望能够找到一份适合自己并且为之奋斗终生的工作，但是她不知道如何才能改善自己目前的状况。于是，便向好朋友纪凡诉苦。

纪凡问晴川："你认为什么样的工作更适合你，能够成为你毕生的事业呢？"

晴川说："说实在的，关于这一点，我并不清楚。我根本就没有考虑过这件事，只是想着要到不同的地方去。"

纪凡又问："那你做过最好的一件事情是什么呢？你擅长什么？"

晴川回答说："不知道，这两件事我也从来没有思考过。"

纪凡继续追问："假定现在你必须要自己做一个选择或决定，你想要做些什么呢？你最想追求的目标是什么呢？"

晴川一脸的茫然，回答道："我真的说不出来，我真的不知道自己想做些什么。这些事情我没有思索过，虽然我也曾觉得应该好好盘算这些事才对。"

纪凡语重心长地说："我可以这样告诉你，现在你想从目前所处的环境中转换到另一个地方去，但是却不知该往何处，这是因为你根本不知道自己能做什么，想做什么。你需要给自己的生命做一个规划，你可以问问自己，你究竟想要什么，有什么目标，这样的生活才会有目标，这样的人生才会有意义。"

为什么生活中，有些人在路上能够步步向前，而有些人则止于中途，原因就在于他们是否为生命做了一个规划。对于那些有规划的人，他们知道自己在人生坐标中的位置，知道脚下的路该怎么走，所以走得稳当，走得平顺。

成功学大师卡耐基曾经说过："获得心理平静的最大秘密之一就是要有正确的价值观。为我们的人生规划一个未来，想想我们究竟需要什么样的生活。这样，我们的忧虑有一半就可以立刻消除了。"

有了规划，有了目标，我们才能未雨绸缪，提前做好打算。这样即使前方的道路布满荆棘，我们也会选择勇敢、坚强地走下去，进而顺利抵达成功的彼岸，寻找到属于自己的那份幸福。

有一个22岁的青年，原本这个年龄正是青春勃发阶段，然而他却没有一个年轻人应该有的朝气和活力。在遭受人生的种种不幸之后，青年人的情绪低落到极点，对生活失去了信心，不知道自己将来的路该如何走下去。

万般无奈，青年人找到了一位算命先生，希望算命先生能够帮自己预测一下未来。谁知，他和算命先生说明来意后，算命先生并没有给他算未来，而是给了他生命的一个预言："你只能活到45岁"。

听到算命先生的话以后，青年人吃了一惊。天！原来，自己的人生已经过了一半，自己只有23年的时间了。在这短暂的23年里，自己应该如何做呢？难道就这样一直浑浑噩噩地过下去吗？不！

从那以后，青年人不再终日生活在痛苦与无奈之中，也不再怨天尤人、消极颓废地等待死神的来临。他为自己今后 23 年的人生进行了合理的安排，制订了每一年要做的事情和要完成的人生目标。

为此，年轻人开始努力奋斗，分秒必争地努力工作，与死神做着赛跑。时时刻刻都在埋头苦干，没有丝毫倦怠，一心执着于计划中的追求。在这期间他事业有成，并娶妻生子，还悄悄地为自己的妻子和孩子做好了安排。

在 45 岁生日那天，他做的每一项规划都实现了，此刻他充满幸福地看着已经长大成人的孩子，看着和自己携手的妻子，耐心地等待着死神的降临。但是他并没有死，又多活了二十来年。

后来，有人问他成功的秘诀，他深有感触地说："如果每一个人都能预先知道自己的寿命，那么人们就会知道给自己做一个规划，看看自己还有哪些事情该做而没有做。这样从终点往回走，人生就一定会变得更好。"

人生最悲哀的是，我们永远无法预测自己的生命还有多长，于是在浑浑噩噩中消磨时光，直至走到生命的尽头才幡然醒悟，然而此刻一切都晚了。虽然我们不知道生命的保质期，但我们依然能为自己规划幸福的行走路线，当有规划，有了目标之际，我们将不会再浪费生命，消磨时间，而是一步一步，逐渐靠近幸福，如此一来，我们的人生一定会更美好、更幸福。

正如亚里士多德所说："明白自己一生在追求什么目标非常重要，

因为那就像弓箭手瞄准箭靶，我们会更有机会得到自己想要的东西。"一个对生命做出规划的人，即使开始得再普通，也一定能够依靠信念成为幸福的创造者。

美国纽约大都会街区铁路公司的总裁弗兰克就是循着这一条不变的途径实现成功的。

谈及自己的成功时，弗兰克说："在我看来，对一个有规划的年轻人来说，没有什么不能改变的，也没有什么不能实现的，而且这样的人无论从事什么样的工作，在什么地方都会受到欢迎。"

50年前，弗兰克还是一个13岁的少年。由于家境贫困，没有上过几天学便提早进入社会，他要求自己一定要有所作为。那时候，他给自己的人生做了一个宏伟的规划，即当上纽约大都会街区铁路公司的总裁。

为此，弗兰克从15岁开始，就与一伙人一起为城市运送冰块，还不断地利用闲暇时间学习，想方设法向铁路行业靠拢。18岁那年，经人介绍，他进入了铁路行业，在长岛铁路公司的夜行货车上当一名装卸工。尽管每天又苦又累，但弗兰克始终积极地对待自己的工作，因此他受到了赏识，被安排到纽约大都会街区铁路公司干铁路扳道工的工作。

弗兰克感觉到自己正在向铁路公司总裁的职位迈进。在这里，他依然勤奋工作，加班加点，并利用空闲帮主管做一些统计工作，他觉得只有这样才可以学到一些更有价值的东西。后来，弗兰克回忆说："不知道有多少次，我不得不工作到午夜十一二点才能统计出各种关于火车的赢利与支出、发动机耗量与运转情况、货物与旅客的数量等数据。做了这些工作后，我得到的最大收获就是迅速掌握了铁路各个部门具体运作细节的第一手资料。而这一点，没有几个铁路经理能够真正做到。通过这种途径，我已经对这一行业所有部门的情况了如指掌。"

但是，扳道员工作只是与铁路大建设有关联的暂时性工作，大建设快要结束的时候，弗兰克面临着离职的危险。于是，他主动找到公司的一位主管，告诉他，自己希望能继续留在公司做事，只要能留下，做什么工作都可以。对方被他的诚挚所感动，将他调到另一个部门去清洁那些满是灰尘的车厢。不久，他通过自己的实干精神，成为通往海姆基迪德的早期邮政列车上的刹车手。

在以后的岁月里，弗兰克始终没有忘记自己的人生规划，他不断地补充自己的铁路知识，废寝忘食地工作着，他每天负责运送 100 万名乘客，却从没有发生过重大交通事故，最终弗兰克实现了成为总裁的目标。

杰出人士与平庸之辈的根本差别在于有无明确的人生规划。如果你想成为幸福、成功的精英人士，那么不要一味地等待幸运之神的垂青，学会及早给自己的人生做好规划，设定一个明确的目标吧。

有规划才会有目标，有了目标，我们就会有一股勇往直前的信念，从而可以把握住生命中的每一天，即便前方的路很难走，也能坚强地走下去。如此，我们的人生将更有意义，更幸福。

策略 3. 幸福要靠行动去创造

如果你想开始一场旅行，那么请立刻行动，就是现在——收拾包袱出门吧。

人生中有很多事情，想做就要去做，等待得越久，只会让这件事情变得越遥远。比如旅行，我们常常听到有人说想环游世界，甚至看好了机票，做好了行程规划，但却迟迟不曾付诸行动。问及他们，总说"在等待"，等待一个漫长的假期，等待打折的季节，等待阳光明媚的时候……然而，等待啊等待，最终，一个想环游世界的人，直至生命的尽头或许都没能走出自己的故乡。

弱者一生都在等待，等待所谓的机会，等待幸福的机会。但是，机会是什么？它不是你守株待兔地等待着就能自动送上门来的，机会是要靠自己去争取、去发现、去挖掘的。俗语说，"美辰良机等不来，艰苦奋斗人胜天"，幸福的机会只留意那些有准备的头脑，只垂青那些懂得追求它的人。

如果你天真地相信幸福的机会在别的地方等着自己，或者幸福会从天而降，那么，你无疑是天下第一号傻瓜，永远只能在守株待兔般地等待中虚度一生，甚至幸福也只会离你越来越远。

有个落魄的人，隔三岔五就去神庙祈祷，而他的祷告词基本没有变过，总是那一句："神啊，请看在我多年来虔诚的份儿上，让我中一次彩票吧！神啊！为什么不让我中彩票呢？我会更加谦卑地服侍您！"

就这样，这个人不间断地乞求着神让他中彩票。

有一天，这个人又跪在地上哭着祈祷："亲爱的神，为什么不可怜可怜我，答应我的祈求呢？求求您让我中一次彩票吧！只要一次，让我解决眼前的困难，我愿意为您终身奉献……"

这时候，神终于发话了："我一直都在垂听你的祷告，可是你总该买一张彩票，这样我才能让你如愿啊！"

生活中，很多人都想幸福，但他们只是让自己停留在想的阶段，从不主动采取行动，结果一事无成。就像故事中的这个人一样，他总是想着要中奖，即使神有心帮他，可是他连彩票都不买，那他的愿望又怎么可能实现呢？

可见，有想法却不去实施，光说不做，那只是空想主义者，根本不能创造任何实实在在的结果，也不可能得到幸福。因为想要完成一件事，光有想法和计划是不够的，必须还要配合实际的行动，并坚持到底。

要知道，机会不是等出来的，是干出来的。行动我们不一定会成功，而不行动就一定不会成功。著名剧作家萧伯纳曾说过一句非常富有哲理的话："人们总是把自己的现状归咎于运气，而我不相信运气。我认为，凡出人头地的人，都是自己主动去寻找自己所追求目标的运气；如果找不到，他们就去创造运气。"

林勇和李泉同时进入一家合资公司担任销售工作，二人都觉得自己满腔抱负没有得到上级的赏识，经常想："如果有一天能与老总近距离接触，有机会展示一下自己的才干就好了！"

很快，李泉就如愿以偿地争取到了更好的职位，而林勇却始终没有展示自己的机会，依然在公司默默无闻，为什么会这样呢？原来，李泉主动创造了与老总近距离接触的机会，进而得到上级的赏识。

每次老总走进办公室时，林勇总会急切地盼望着老总的脚步能够慢一点，走到自己身边时停留下来。但老总每天的工作事务缠身，他只是轻轻地冲所有的员工微笑着点点头，然后就回到自己的办公室。一次次失望，让林勇感到万分沮丧。

那么，李泉是如何做的呢？他打听老总上下班的时间，在算好的时间里去乘坐电梯"偶遇"老总，打过几次招呼后老总对他有了印象。接着他更进一步，详细了解了公司的问题与发展，老总与他长谈了一次，李泉说了很多有效的建议和想法，老总不久就提拔了他。

机会不是被动的过程，它需要积极的准备，需要主动出击。要想取得成功，获得幸福，不应该等待"好心人"送来机会，而是要积极地用实际行动去创造机会。

梦想是成功的起跑线，决心是起跑时的枪声，行动是跑步者全力以赴的奔驰。所以，如果想要达到你的目标，想得到你想要的幸福，那么就要行动起来。只要大方向是对的，也许最初看起来没有什么希望，可是干到最后却总能获得好结果。

成功者从来都不是在等待机会，而是积极地投入行动之中，为了理想而创造机会，为了事业而拼搏。尽管道路中会经历风雨，可是他们却苦尽甘来等到了成功的时刻，是行动成就了他们幸福的今天。

20 岁时开始领导微软，31 岁时成为有史以来最年轻的亿万富翁，39 岁时身价一举超越华尔街股市大亨沃伦·巴菲特而成为世界首富……不少人把比尔·盖茨的成功称为难以置信的神话，但他不是靠幸运取得成功的。

盖茨是为电脑而生的，他从中学时期就迷上了电脑，从此就无心上其他课，每天都泡在计算机中心。以全国资优学生的身份，进入了哈佛大学后，他更是经常逃课，一连几天都待在电脑实验室里整晚整晚地写程序、打游戏。

1975 冬，盖茨和好友保罗从 MITS 的 Altair 机器得到了灵感的启示，看到了商机和未来电脑的发展方向，于是他们就给 MITS 创办人罗伯茨打电话，说可以为 Altair 提供一套 BASIC 编译器。就这样，两个月通宵达旦的心血和智慧产生了世界上第一个 BASIC 编译器，MITS 对此也非常满意。

三个月后，盖茨敏感地意识到，计算机的发展太快了，等大学毕业之后，自己可能就失去了一个千载难逢的好机会，于是他毅然决然地退学。然后，和保罗创立了微软公司，自此走上了靠电脑软件创造巨大财富的道路……

对于自己的成功，比尔·盖茨说："你认为机会什么时候会来到？机会是我们自己创造出来的。要是我等着别人给我工作的机会，那么现在我可能还是一个打工者。微软最需要的，正是那些能够用行动创造机会的人。"

机会是一种巨大的财富，但"机不可失不再来"，机会往往就那么一次，也许你"没有机会"，但你可以创造，而能否成功，则要看我们会不会利用机会，主动创造了多少机会，甚至从困境中创造了多少机会。

只有行动，才能获得机会，才是成功和幸福的唯一途径。

因此，当你迟迟得不到幸福生活、没有取得成功的时候，千万不可错误地埋怨自己运气不好，责备别人没有给自己好机会，而应该多问问自己："我主动寻找机会了吗？""我主动创造机会了吗？"人生苦短，想要旅行，就马上收拾行囊，等待只能消磨斗志，浪费生命，永远不会为你迎来幸福。

策略 4. 每天多做一点点

每天只要比别人早起一点点，就能买到最新鲜的蔬菜瓜果；每天只要比别人多走上几步，就能看到更加遥远的风景。

其实，获得幸福的秘诀很简单，就是每天多做一点点。只要每天比别人多做一点点，持之以恒，日积月累，那么无论在财富还是在经验上，我们都会比别人积累的多，这就是"水滴石穿"的力量。

对于此，著名投资专家约翰·坦普尔顿，通过大量的观察和研究，得出了"一盎司定律"：即某些人之所以取得了突出成就，仅仅因为比别人多做了一点点，差异为一盎司。盎司是英美制重量单位，一盎司只相当于 1/16 磅。

"一盎司定律"可以运用到所有的领域，它是让我们走向成功的普遍规律。那些最知名、最出类拔萃的人与其他人的区别在哪里？答案是就多那么一点点。谁能使自己每天多加一盎司，坚持比别人多做一点点，谁就能得到千倍的回报。

大学毕业后，柳童被分到德国大使馆做接线员。小小的接线员，这在很多人眼里，是一份很没出息的工作，但柳童却在这个普通的工作上做出了成绩，她的成功秘诀即每天坚持比别人多做一点点。

工作一段时间后，柳童将使馆所有人的名字、电话、工作范围甚至他们家属的名字都背得滚瓜烂熟，只要一有电话打进来，无论对方有什么复杂的事情，她总是能在 30 秒之内帮对方准确地找到人。

由于柳童工作出色，使馆人员们都很放心，他们有事要外出时，并不是告诉自己的秘书，而是给柳童打电话，告诉她如果有人来电话请转告哪些事，柳童逐渐地成为大使馆全面负责的留言中心的秘书。

一年后，工作出色的柳童获得了大使馆的嘉奖，并被破格升调到外交部……

柳童得到大使馆的重用，跃出平庸之列，踏上成功之途，是因为她好运吗？不！她只是没有仅仅满足于做好自己的工作，在做接线员工作的同时，多记住了一些电话号码，多记住了一些人名而已。

每天多做一点点，其实并不难。我们已经付出了 99% 的努力，再多增加"一盎司"又有什么困难呢？多加一盎司，这只需要我们多那么一点点责任心和决心、那么一点点敬业的态度和自动自发的精神，却能为我们带来意想不到的收获。

小王和小刘同时受雇于一家饭店，他们拿同样的薪水。一段时间后，小刘青云直上，又是升职又是加薪，而小王却仍在原地踏步，甚至面临被裁的危险。小王觉得自己每天都将工作做得很好，不满意老板的不公正待遇，便到老板那儿发牢骚了。

老板耐心地听完小王的抱怨，说道："你现在到集市上去，看看有什么卖的？"一会儿，小王便从集市上回来汇报道："集市上只有一个老头儿拉着一车白菜在卖。""有多少斤白菜？"老板问道，"价格呢？"

"您只是让我去看看有什么卖的，又没有叫我打听别的。"小王委屈地申明。

"好吧，"老板接着说，"现在你到里屋去，别出声，看看小刘怎么说。"于是老板把小刘叫来，吩咐他去集市上看看有什么卖的。小刘很快就从集市上回来了，他一口气向老板汇报说："今天集市上只有一个老头在卖白菜，目前共100斤，价格是4毛1斤。我看了一下，这些白菜质量不错，价格也低。我们饭店每天需要20斤白菜，100斤白菜五天左右就可以用完。所以我把那人带来了，他现在正在外面等您回话呢。"

此时，老板叫出小王，语重深长地说："现在你知道为什么小刘的薪水比你高了吧？"小王无语。

如果我们多花费一点点时间在工作上，哪怕每天只多花 5 分钟的时间来多做一点事，那么工作则有可能给予我们更大的回报，而我们就有足够的机会成为一个最出色的人。仔细地算一算这笔账，将会对我们的人生大有好处！

在社会上，很多成功人士并没有想象中那般大费周折，他们或许就是那些下班后还留在办公室工作一会儿的人，或许是看见与自己无关的某个人有了困难而愿意花些时间来帮忙的人，或许就是做了一些他分外事情的人。

在大街上有一个乞讨的男孩，他是可怜的孤儿。有一天，男孩跑到摩天大楼的工地上向一位建筑承包商请教："请问，我该怎么做，长大后才会跟你一样有自己的事业，有自己的财富，获得幸福的人生？"

这位老板说："我给你讲一个故事，有三个人在一起挖沟。一个挂着铲子的人说，他将来一定要做老板；第二个人则抱怨工作时间长，报酬低；而第三个人只是低头挖沟。很多年之后，第一个人仍在挂着铲子；第二个人虚报工伤，找借口要退休；第三个呢？他成了那家公司的老板。你明白这个故事的寓意吗？"

承包商看男孩一脸的茫然，便继续说道："看到他们了吗？这些都是我的工人。我没有办法将他们每一个人的名字都记住，但是你仔细瞧他们之中，那边那个晒得红红、穿一件红色衣服的人。"

很快，男孩就注意到，他发现那个人比别人更卖力，做得更起劲。承包商的老板说："他每天总是比其他人早一点上工，工作时也比较拼命。而下工的时候，他总是最后一个下班，他在这群工人中间特别突出。我现在就要过去找他，派他当我的监工。从今天开始，我相信他会更卖命，说不定很快就会成为我的副手。"

顿时，男孩明白了，只要每天比别人多干一点，总会成为突出的那一个，付出总是会有回报的，你的努力别人会看得到。

之后，男孩放弃了乞讨的生涯，开始在建筑承包商手底下干活。由于他总是起得比别人早，跑得比别人勤，所以工作比其他人都做得多，做得好，很快他因为这种敬业精神成了老板的左膀右臂，成了一名非常成功的人。

成功并没有像我们想象的那么复杂，就像这个乞讨的男孩一样，一开始以为，成功是那么的遥不可及。但是，听完承包商的话之后，他决心每天多做一点点，最后终于取得了成功，获得了幸福人生。

如果我们想要拥有美好的生活，就要用辛勤的汗水来换取。火再加一把，热水就会沸腾；杆再起一点，记录就会刷新。人生"没有最好，只有更好"，比别人多做一点点，就意味着告别平庸，意味着到达极致。

实际上，在工作中，有很多东西都是需要我们增加的那"一盎司"。大到对工作、公司的态度，小到你正在完成的工作，比如，每天比别人早一个小时出来做事情，每天比别人多打一个电话，每天比别人多拜访一位客户……

如果你每天都能够坚持多加"一盎司"，坚持比别人多做一点点，不断地积累经验、补充知识，增强自己的工作能力。相信，你的工作会大不一样，你将会成为越来越优秀的人，幸福也会因为你的这种付出而眷顾你。

策略 5. 幸福崛起于苦难之中

　　旅途中有很多路障，停下，你的风景便止于此；跨越，你将拥抱新的广阔天地。

　　假如有人问："想幸福的人请举手！"相信绝大部分人都会举手。

　　但假如有人问："想吃苦的人请举手！"则可能大部分人都不会举手。

　　是呀，谁不愿意自由舒适地享受甜蜜的幸福生活呢？但人生不可能一帆风顺，我们也无法时时刻刻都沉浸在幸福之中。人生要面对许多难题，吃苦是无法避免的，如果你不愿涉足苦的边界，没有勇气面对苦难，那么你的风景也就只能停留在此地，永远不可能抵达幸福的终点站了，要知道"幸福崛起于苦难之中"。

　　中国古代民间有一个习俗：孩子刚刚生下来时，喂养的不是纯净水，也不是母乳，而是极苦的大黄。然后，逐渐喂以甘草汁，最后才进入正常喂食的哺乳过程。要想尝到甜，就要先知道苦的滋味，苦吃惯了，味蕾才更敏感于甜。

　　常言说"艰难困苦，玉汝于成"，每一次苦涩的锻炼之后，人总是能够拥有更为顽强的胆魄，更为坚定的意志，更勇敢面对生活的信心。也就是说，只有拥有吃苦耐劳的精神，我们才能迎来幸福的生活。

　　人生中任何一种幸福都不是唾手可得的。

　　战争中，一枚炮弹击中一个花园城堡，毁掉了这座美丽的花园。这对这所城市的居民来说，无疑是一场灾难，可是就在那个炮弹落下的深坑里，竟然源源不断地流出了泉水，从而引来很多世界各地的游客。

　　市民失去了一座花园城堡，却换来了一个著名的喷泉。可见，不幸与苦难也许会将我们的心灵炸破，而在那炸开的缝隙里，也会流出不息的泉水，带给我们别样的美丽。

　　梅花之所以美丽，是因为它经历了严寒的冬天；彩虹之所以美丽，是因为它经受了风雨的洗礼。而著名喷泉的问世，也正是因为经历了被轰炸的苦难，才涌出甘甜的泉水。

　　在生活中，没有人喜欢苦难，但是很多成功者却都是从苦难中磨炼出来的。正所谓"吃得苦中苦，方为人上人"，当一个人历经磨难，让自己的能力提高到了一定的程度时，自然各种发展机会就会降临。

　　一个人要想成就事业，获得幸福人生，必须具备很多优秀的素质，拥有一定的"资本"，而吃苦耐劳正是成功者必备的"资本"之一。只有经历苦难，我们才能取得成功，才能得到想要的幸福。

　　王永庆小时候家里十分贫穷，排行老大，从小就开始担负起繁重的家务。6岁起，他每天一大早就起床，赤脚担着水桶，一步步爬上屋后两百多级的小山坡，然后再赶到山下的水潭里去汲水，之后从原路再挑回家，一天要往返五六趟，十分辛苦。

　　小学毕业后，为了维持一家人的生计，王永庆没有继续上初中，而是来到嘉义一家米店当学徒。干了大概一年的时间，父亲见小永庆有独立创业的潜能，就向亲戚朋友借了 200 块钱，帮他开了一家米店。

米店虽小，但对于王永庆而言，这却是他人生中第一份属于自己的"产业"，所以经营起来特别用心。为了建立客户关系，他用心盘算每家用米的消耗量。当他估计某家的米差不多快吃完的时候，就主动将米送到顾客家里。这种周到的服务一方面确保那些老主顾家里不会断米，另一方面也给顾客提供了方便。尤其那些老弱病残的顾客更是感激不尽，自从在王永庆的米店买过米后，就再也没到别家去过。

王永庆的胸怀大志让他并不满足于单独卖米。为增加利润，他减少了从碾米厂进货这一中间环节，添置了碾米设备，自己碾米卖。在王永庆经营米店的同时，他的隔壁有一家日本人经营的碾米厂，一般到了下午 5 点钟就要停工休息，但王永庆则一直工作到晚上 10 点半，结果可想而知，日本人的业绩总落后于王永庆。

正是由于从小培养的吃苦耐劳精神，后来在经营台塑企业时，王永庆得心应手，即使遭遇挫折，他也能坦然面对，最终获得了成功、幸福的人生。如今的王永庆深有体会地说："我的秘诀就是四个字——吃苦耐劳。"

苦难并不是我们的仇人，而是我们的恩人。幸福的秘诀就是能够吃苦，只有能够吃苦的人才能获得幸福的人生，因为他们能够将苦难当成一种幸福，并且懂得苦中作乐。

试想，面对苦难，如果王永庆不愿意正视它，躲避苦难，那么那些苦难就会累积重叠，构成更严重的困境，集合成更大的痛苦，导致溃败。如此，王永庆又如何能够赢得成功，赢得幸福的人生呢！

　　苦难是幸福必然经历的，幸福崛起于苦难之中。因此，如果我们遇到苦难，就不要着急去躲避，而是应该勇敢去面对，力求化解苦难。只有将苦难一点点克服，我们才能得到希望的东西，从而拉近幸福的距离。

　　要知道，一个人吃惯了苦，便不再把吃苦当成苦，那样无论再面对什么困难，都能泰然处之、从容对待，最大限度地发挥自身的潜力，如此就没有任何苦难能够难倒他。苦难是通往幸福之路的路障，如果我们因惧怕而停止前行，我们就永远无法抵达幸福，但只要跨越这道苦难的路障，我们便能拥有更加广阔的新天地！

第三篇

且行且珍惜

第七章

组团结伴：独乐乐不如众乐乐

保持团友间的信任、合作和宽容心态，

你将收获人生旅途最美好的回忆。

团队规则 1. 在爱情天平上，你放得多得到的才多

参加爱情旅行团要学会付出，付出得越多，走得才越长远。

在爱情上，有这样一些人，他们只想得到爱情的滋润，而不想自己为爱情付出；只想从对方那里索取，而不想给对方付出，这些人毋庸置疑都是很难获得幸福的。

爱情不是买卖，不是谁付出得少谁就能赚了，谁付出得多谁就亏了。爱情是公平的，它就像一把天平，付出多少相应的就能得到多少，付出得越多，得到的幸福和快乐也就越多。

从前，有一个书生即将进京赶考，他和他的未婚妻约定，参加科举考试回来之后，二人就择日成婚。几个月后，当书生参加考试回来，

满心欢喜地去找他的未婚妻商量结婚的日子时，却发现他的未婚妻已经嫁给了别人。

书生非常伤心，心灵受到了严重的创伤，终日沉浸在痛苦之中不能自拔。时间一长，他的身体吃不消了，一病不起，家人请遍了当地的名医，可是书生的病情却一点儿也没有好转。

正在这时，一个老人路过书生家门口，称自己专治疑难杂症，于是书生的家人赶紧把老人请到家里，请他为书生看病。老人看了看书生，既不给他诊脉，也不下药，只是从怀中拿出一面镜子让他看。

镜子显示，在一片茫茫的大海边，有一具一丝不挂的女尸躺在沙滩上，路过的很多人只是看一眼，然后就惋惜地走开了。这时走来了一个人，他不忍心让那具女尸在太阳底下赤身裸体地暴晒，于是脱下自己的衣服，给女尸盖上，然后也走开了；一会儿，又来了一个人，他挖了个坑，把那具女尸给掩埋了。

这时候，老人解释道："那具女尸，就是你未婚妻的前世，你是那个将自己衣服给她盖上的人，所以，她今生与你相恋，还你这个人情。而她要报答一生一世的人，却是那个前世掩埋她的人，这个人就是她现在的丈夫。"

书生听完恍然大悟，慢慢地他的精神好了，身体也随之不药而愈。

这个故事不乏增添了许多神话成分，但这其实反映了现实生活中的一个道理：凡事皆有因果。一个人收获什么，得到什么，在于他此前付出了什么。正所谓"种瓜得瓜，种豆得豆"，你播种下什么样的种子，便只能收获到什么样的果实。而你在耕种过程中付出了多少的努力，也决定了你最终会收获什么品质的果实。在爱情的道路上也是一样，如果我们不懂得付出，不播下爱情的种子，不用心呵护爱情，那么又怎么可能开出爱情的花朵，又怎么能收获爱情的果实呢？

让我们再来看一个寓言故事：

从前，有一个女人，非常深爱自己的丈夫，可是她的丈夫已经不爱她了，为此她很苦恼，于是就到神殿里祈祷，求神灵帮助她，教给她一些能够让她丈夫回心转意的方法。

就在这时，一位老人走了进来，听到了女人的诉说，于是老人就对女人说道："我可以帮助你解决你的苦恼，但是我有一个条件，在我教你方法之前，你必须从活着的狮子身上拔下三根鬃毛给我。"

这个女人心想：最近虽然时常有狮子在村子附近出没，可是它非常凶猛，连男人都被它吓破胆，更何况我这样一介女流呢？但为了能够挽回丈夫的心，她还是决定试一试，于是冥思苦想，终于想出了一个办法。

第二天，她牵了一只小羊去狮子经常出没的地方，放下之后立即就走，以后每天早晨她都牵一只小羊在同一时间放到同一地点。久而久之，这头狮子便开始信任她，主动冲她摇尾巴，亲近她，甚至还让她摸自己的背。女人知道狮子已经完全信任她，已经对她没有任何敌意了。在之后的一天，女人小心翼翼地从狮子身上拔下三根鬃毛，拿给老人。

老人很奇怪地问这个女人："你是怎么做到的？"

女人把经过讲了一遍，老人笑了起来，说道："你就用对付狮子的办法对待你丈夫，我想他肯定能够回心转意。"

那个女人为了挽回丈夫的心，连狮子都能驯服，顺利从狮子身上拔下三根鬃毛，那么，世界上还有什么事情是她不能做到的呢？她根本不必忧愁丈夫离开自己，因为她一定可以拯救自己的爱情！

其实，爱情和训狮子是一样的，要想从对方身上得到爱，我们就必须要先学会付出爱。只有懂得付出，才能赢得别人的信任，才能赢得别人的真心和真爱，从而获得幸福的人生。

有一位女孩在花园里虔诚地向神祷告："有一个男孩一直在追求我，每天给我送花、唱歌。可是最近一个多月，他再没有对我表达过爱，我怕回应了他之后，他就再也不会用这种方式爱我了。"

神听完，把女孩带进了一间小黑屋，并点燃了一盏油灯。

女孩很奇怪地问："这和我的困扰有关系吗？"

神示意少女先安静下来，他们静静地看着油灯燃烧，火苗将整个屋子都照得非常明亮，可是慢慢地，火苗越来越小，光线越来越暗。

女孩提醒神："该加油了。"

可是，神阻止了女孩，示意女孩别动，任凭油灯烧干，到最后熄灭。屋子里又暗了下来，只留下一缕青烟。

女孩用疑惑的眼神看着神。这时，神意味深长地说道："其实，爱情就和这盏油灯一样，油烧干之后自然就会熄灭。要想让爱情之火继续燃烧下去，就必须及时添油，在我们爱情的道路上，不能只知道索取却不付出"。

爱情是一种相互给予的过程，而不是一味地索取。不付出自己的爱，只会失去爱情的真实意义。要想获得持久的幸福感，就必须及时为爱情的火焰添油，让爱情的火焰经久不息。

一个人要想得到爱，首先应该舍得付出自己的爱，只有这样才能体会到爱一个人的滋味，才能体会到被爱的真实意义。两个人在一起相处，不应该计较谁付出得多谁付出得少，因为付出越多的那个人就越容易接近幸福。

在爱情的天平上，你付出得越多，收获到的才会越多。珍惜身边的爱情，并随时为之付出自己的真心，只有用心经营所得到的爱情才能长久，而这样的人生也才会幸福。

团队规则 2. 睁一只眼闭一只眼，婚姻会更幸福

和懂得宽容的人一起组团，才不会在无休止的争执中错过良辰美景。

作家尔玛班贝克说过一句话："上帝创造了男人，我则可以把他改造得更好。"于是，有不少女人顺着这句话，在婚姻中行使妻子的特权，共同犯着一个错误——不能容忍男人的缺点，试图改变男人。

"上班穿皮鞋，下班就别再穿旅游鞋了！""饭前要洗手，饭后也要洗手！""下班哪儿都不能去，要准时回家报到！""早上六点起床，晚上十点睡觉！"……可是，最后的结果往往是，男人非但没有听话，

反而有点儿不耐烦，最后夫妻闹得天翻地覆，家庭陷入冷战的深渊，以致走上离婚之路。

Arma 和丈夫经营着一家物流公司，丈夫喜欢交友且十分讲义气，因为公司经营有方，生意做得非常不错。可是，丈夫却有一个令她不能容忍的缺点，就是喜欢喝点儿小酒，且不胜酒力，每饮必醉，为此两人经常为此闹矛盾。

有一天，Arma 去邮局办事，丈夫说好在家做晚饭。可是，当 Arma 在晚上六点多回到家里时，发现还是冷锅冷灶，丈夫也不在家。于是，她就打手机去问，丈夫说有一个朋友约他吃饭。Arma 气不打一处来，气愤地挂了电话。

十点左右，丈夫回来了，喝得有点醉，身上带着一股酒味。Arma 没有放过丈夫，将他扔到客厅沙发上，自己双手叉腰，怒吼道："你就知道喝酒，为什么不喝死在外面？你什么时候才能戒掉喝酒的臭毛病？"

丈夫一听也火了，推了 Arma 一把。这一推不要紧，就好像在 Arma 的怒火上浇上了汽油，她扑向丈夫，与丈夫扭打在一起……结果，丈夫的脸被抓得鲜血淋漓，Arma 的腰也扭伤了。

后来，两人闹起了离婚。虽然在朋友们的劝解下，这场战争好不容易化解了，但是战争的硝烟仍然弥漫在二人之间。

正所谓："夫妻吵架不记仇，半夜三更睡一头。"就算是犯了再大的错误，夫妻之间也应该懂得宽容和原谅。妻子 Arma 就是因为不能对自己的爱人宽容一点，最终导致了夫妻大战，让原本幸福的婚姻走向了崩溃的边缘。

其实，生活中这样的例子还有很多，有的人因为爱人回家抽烟吵架；有的人因为爱人挖鼻孔吵架；有的人因为爱人不会收拾屋子吵架；有的人因为爱人上床没有洗脚吵架；甚至还有的人因为挤牙膏的方式不同而吵架……

很多时候，人们往往能宽恕别人的过错，却无法忍受自己最亲近最爱的人身上一点点的小问题，哪怕只是一点点小错，也可能会激起轩然大波，或许这就是爱之深责之切，越是在我们亲近的人面前，我们就越不能控制自己吧！

事实上，每一个人都各有各的特点，只要彼此相互选择了，这就是合适的婚姻。与其强行改变对方，不如求同存异尊重对方。结婚后的生活，也正是双方不断适应，不断磨合，并一步步接纳对方，理解对方，鼓舞对方的过程。

当你选择嫁给他，就要认定自己是爱他现在的模样，理解一点，宽容一点，如果不是什么天塌下来的大毛病，那么还是睁一只眼闭一只眼，潇洒地让一切顺其自然吧，只有这样你才能从婚姻中获取幸福。

赵刚温文儒雅，文娟善解人意，两人还有一个可爱的女儿，一家三口过着幸福的日子。但是，细心的文娟发现最近丈夫有些心不在焉，看自己时眼光也躲躲闪闪，她意识到自己的婚姻出现了问题，可是问题出在哪里呢？

一天，文娟洗衣服时，无意中在丈夫的上衣兜里发现了一封信，信是一个女人写来的："几年过去了，我很后悔当初和你分手，这几年我根本无法爱上别人，你在我心中的地位，没有人可以取代，现在我觉得两人距离再远也没有问题，我不管你有没有结婚，我要去找你……"落款为乔。

通过向赵刚的好朋友打听，文娟了解到丈夫在大学里曾经和乔有过一段刻骨铭心的恋情，两人曾是大学里令人羡慕的一对，很多同学都以为他们会喜结连理，但毕业后两人无法在同一个城市工作，乔终于因为地理原因，提出结束他们的感情。

知道了丈夫的这些秘密之后，文娟哭了，去责骂他吗？可是她明明看到了丈夫的矛盾和挣扎。该去咒骂乔吗？她爱了老公这么久，一直未嫁也挺感人的，或许她根本不知道丈夫现在已经结婚了，而且过得很幸福。再三思虑后，文娟没有吵，也没有闹，反而对丈夫比以前更加体贴，更加温柔。

几天后，当文娟下班回到家时，看到了找上门的乔。她没有冷待乔，而是热情招待，为她准备了一桌丰盛的晚餐，席间还对她嘘寒问暖，并谈到自己现在幸福的家庭。饭后，文娟借口要带女儿出去散步，给这对旧恋人交谈的机会。

望着妻子疲倦的面容，想起妻子平日的种种，赵刚感动了，他对待乔始终像一个老朋友，不时还夸赞文娟几句。乔知道了赵刚的心意，告别时，她真诚地说："我祝福你，你有一个好妻子。"

面对丈夫昔日的恋人，文娟睁一只眼闭一只眼，表现出了宽容、理解的态度，不但没有使家庭受到任何的影响，反而让赵刚进一步感受到她的宽容与付出，夫妻关系也进一步得到了升华。她确实是一位非常聪明的女性。

婚姻生活很平淡，并不像谈恋爱时那么甜甜蜜蜜，那么轰轰烈烈。当一切归于柴米油盐酱醋茶时，生活难免会出现一些磕磕碰碰，不过这并不是什么大不了的事情，只要静下心来，彼此沟通，彼此理解，没有什么是解决不了的。就好像两个人结伴旅行，旅途中总会产生不同的意见，也总会有些难以调和的生活习惯，但只要能够给彼此一个自由的空间，给彼此一些宽容，就能一起携手走向更远的地方，看更多的风景。

要知道，爱一个人并不仅仅是只爱他的美好，我们在爱他优点的同时，也要包容他的缺点。多一些宽容，少一些计较，多一些善解人意，少一些睚眦必报，这才是正确对待一段感情的态度。如此，我们才能拥有快乐幸福的婚姻，和美满如意的生活。

团队规则3. 如水般的友情最珍贵

水虽平淡，却是生命之源，人不饮则不得以生。如水之交，值得我们倾心以待。

真正的友情，就如同清冽的泉水一般，滋养着我们的生命之花，在人的生命中，可以没有爱情，可是绝对离不开友情。"朋友"这个词，就像是美丽的童话，演绎着纯真与美好。一句"朋友"，恰似一种心灵的碰撞，道尽了友情，道尽了真情，道尽了相思。

但是，在当今极其现实的社会中，自私不断充斥着我们的生活，摧残着我们的人际关系，朋友之间时常为了利益而争得面红耳赤，不可开交，甚至不惜将自己的幸福建立在对方的痛苦之上，想要拥有一份纯真的友情已经很难了。

人生一切不过浮云，所有的功名，所有的金钱都是身外之物，生不带来死不带去。如果总是因为一点儿蝇头小利就和别人争执不休的话，我们永远都难以获得纯净如水的友情，也难以获得通往幸福之门的通行证。

这时，很多人不禁要问："什么是真正的友情？"

告诉你吧，朋友之交，就是君子之交，它不在于语言多么华丽，不在于物质多么丰富，更不在于彼此之间喝过多少酒和为彼此花过多少金钱。古人推崇的"君子之交淡如水"，一个淡字，概括了友谊的精髓。

真正的朋友不在于一些表面的东西，而是在于为彼此付出了多少真情。有一句话是这样说的："长久的友谊并不像花一样芳香，因为花再香也会有凋零的时刻，友情像水，任时光飞逝也不会有变质的一天。"

友情如水。水是清纯、透明的，纯洁的友情绝不繁复、嘈杂。

唐朝贞观年间，有一位有名的大将名叫薛仁贵，他在参军之前家境非常的贫困，和自己的妻儿住在一个破窑洞里，食不果腹，衣不蔽体，多亏了一个叫王茂生的朋友靠卖豆腐接济他们。

之后薛仁贵参军入伍，他的妻儿也是靠王茂生夫妇接济才不至于饿死。薛仁贵随唐太宗御驾东征平瓶的辽瓶乱，在战场上，他战功赫赫，受到唐太宗的极力赏识，被封为"平辽王"，从此身价倍增，平步青云。薛仁贵从一个名不见经传的平民，一跃成为皇帝的宠臣，为此给他送礼的达官显贵络绎不绝，但是都被他婉言谢绝了。

王茂生见薛仁贵"发迹"了，想看看他是否忘记了贫贱之交，于是找来两个空酒坛子，装满清水，还直言这是送给薛王府的美酒。奇怪的是薛仁贵什么礼都没收，却唯独收下了这两坛"美酒"。

薛仁贵得知这是清水后，并没有怪罪于王茂生，而是当着众人的面连喝了三碗，并称："真是好酒啊！"喝完酒，他对大家说："我和夫人在过去连吃穿都成问题，全靠王茂生大哥夫妇的接济，才让我薛仁贵有了今天。如今我美酒不沾，厚礼不要，唯独就要王茂生大哥的两坛清水，虽然这是清水，但是它却比任何美酒都要香甜。因为我知道王大哥家里没有钱打酒，这两坛清水也是王大哥的一番盛情。朋友之间，就应该像这样，即便是清水也能喝出美酒般的香甜。"

从此以后，薛仁贵把王茂生一家接过来，让王茂生来帮自己管理王府，两人成了生死之交。

薛仁贵与王茂生之间的情谊因为平淡而越加显得珍贵。友谊不是靠金钱来衡量的，而是靠自己用心去经营的，只要用心去和朋友相处，那比任何的金银财宝和身份地位都珍贵。

就像庄子所说："君子之交淡若水，小人之交甘若醴。君子淡以亲，小人甘以绝。"这就是说，君子之间的感情像水一样淡而无味，如此朋友之间才会有轻松自在的感觉，关系才会更为长久；而小人每天都在一起，他们之间就像酒一样香甜，但是他们之间没有那种轻松的感觉，同时他们的友谊也不会维持多久。

因此，我们需要珍惜友情，更要珍惜如水般的友情。在现实的交际中，只有不掺杂太多的利益得失，减少一些功利心，见面不需要太多的客套，没有吹捧，没有猜忌，那么友情才能像清水一样透明。

如何鉴定真正的朋友呢？

你不妨参考这样一句话："朋友，不一定合情合理但一定知心知意；朋友，不一定形影不离但一定惺惺相惜；朋友，不一定锦上添花但一定雪中送炭；朋友之间，不一定常联系但在心里总会有一个位置为其留下。"

真正的朋友，是我们最信任的人，是最值得我们珍惜和信赖的知己；真正的朋友，是那些懂得付出、不强调索取，能够与我们同甘共苦、共患难的人；真正的朋友，更是那些在我们最困难的时候、最需要帮助的时候，主动站出来为我们说话，给我们安慰和帮助，为我们解除烦恼的人；真正的朋友，亦是当我们痛苦的时候，能够伸手给我们力量的人；真正的朋友，也是当我们哭泣的时候，陪我们一起掉眼泪的人……

在生活中，如果我们拥有这样的友情，这样的感情，千万要懂得珍惜，千万不要让这样的朋友在我们的人生中消失。否则，那将会是人生中的一大损失，而我们的幸福人生也将逊色不少。

团队规则 4. 婚外情是一场有关幸福的危险赌博

任何一个团队，最无法原谅的错误就是——背叛。

就像歌里说的一样，女人爱潇洒、浪漫、有激情的男人，而男人则爱漂亮、性感的女人。但在现实生活中，不管怎样的激情与浪漫，最终都会归于平淡；不管怎样的美丽容颜也都经不住时间的考验。

有人说，"婚姻是爱情的坟墓"，进入婚姻中，就意味着要与柴米油盐，要与生活中的琐事打交道，在这种烦扰中，最初的浪漫与激情只能逐渐磨平，曾经的那些情话或许不再提起，曾经的山盟海誓也将随之抛诸脑后，于是，不甘于平淡的人便会寻找新的刺激，婚外情也就应运而生。

婚外情是一场有关幸福的赌博，是平静之外寻求片刻的刺激，而片刻的激情换来的却是家庭的悲剧。为了寻求激情和刺激，而丢失曾经承诺"执子之手，与子偕老"的那个人，让幸福化为乌有，这样真的值得吗？

羽墨和她的老公在大学的时候就开始恋爱了，毕业一年后，他们便携手踏上了婚姻的殿堂。可以说，他们的婚姻非常幸福，羽墨仿佛沉浸在幸福的蜜罐中，就这样，他们平静地过了三年。

　　直到有一天，学校新调来一名男老师，和羽墨年龄相当，这名男老师不仅英俊潇洒，还文质彬彬。通过几次接触，羽墨发现这位男老师不但才华横溢，而且说话总能说到她的心坎上。随着交往的加深，羽墨的心里莫名其妙地发生了变化，她盼望着上班，盼望着和他在一起。

　　虽然她不停地告诫自己不可以这样，但是她就是没有办法克制自己，她已经深深地被这位男老师给吸引住了。在一次加班后，男老师邀请羽墨一起吃夜宵，几杯啤酒下肚，羽墨的头靠在了男老师的肩膀上。

　　从那晚起，他们的关系就发生了变化。开始的时候，羽墨还有一点儿内疚，但是，那名男老师给羽墨带来了前所未有的刺激和激情，而这种激情让她忘记了当初的幸福，忘记了她是个有夫之妇。

　　可是，好景不长，有一天，羽墨和那个男老师在自认为很偏僻的湖边散步时，意外碰到了老公的亲戚，悲剧就从此刻开始了。她的老公找到学校，把男老师教训了一顿，他们之间的事情闹得人尽皆知。

　　自此之后，周围的亲戚、邻居都用异样的眼神看着羽墨，老公更是对她不理不睬，每天故意加班，直到半夜才回家。羽墨觉得再也不可能回到从前，幸福已经离她远去，从此陷入了绝望之中。

　　羽墨正是由于贪求一时的刺激，忘记自己是一个有家庭的人，越过道德底线，与男老师发生了婚外情，从而造成了这一家庭悲剧。婚外情就像是一场危险的赌博，我们赢得一时的刺激和享受，却输掉了一生的幸福与快乐，得不偿失。

　　我们的一生只要守候一个人就可以了，又何必去贪求太多呢？激情终将在时间中沉淀，唯有平平淡淡，才是源远流长的真实与幸福。

人生在世，拥有一知己足矣，要想得到幸福，就要学会珍惜，精心守候一支蜡烛，珍惜我们当初所选择的那个唯一。

每个人都有欲望，都有冲动的时候，但一定要懂得珍惜自己的情感，珍惜自己的幸福，不要因为贪恋一时的欢愉，而造成永久的遗憾。

团队规则 5. 留一片天空，让爱展翅高飞

真正地拥有不是相互禁锢，而是分开旅行之后，还能在终点携手。

很多人都以为，亲密无间是维持夫妻关系的最佳状态，于是婚后巴不得时时刻刻和爱人腻在一起，耳鬓厮磨，在婚姻的城堡里忘却春夏与秋冬，呼吸着彼此的呼吸，感受着彼此的感受。

殊不知，两个相爱的人亲密过度，不给对方留点儿自由的空间，相处时间长了，就会感到"有点累，有点烦"，生活中的矛盾也就会开始不断增多。

文慧高挑秀美、家境甚佳，又很会照顾人，婚后她常常在衣食住行等方方面面，为丈夫王松做这做那。文慧自认为是一个合格的妻子，可是，有一天丈夫却突然提出了离婚，他的理由是：我吃不消你给的爱。

原来，王松性格开朗、又爱玩乐，习惯了自由自在的生活状态，但婚后文慧却要求他事无巨细都要向自己报备，下班之后立马回家，

还不许他与女同事一起加班。王松的工作需要常常出差，而文慧则有事没事总是发信息，晚上半夜还要发，要是王松半天不给她回信息，她就开始胡思乱想。

这样的情况经常发生，王松真不知该如何是好。他感慨道："结婚之前的日子可以自由支配自己的时间，可以做自己喜欢做的事，但结婚之后，你却一心想把我关在家里，家就像是动物园里的牢笼一样，我享受不到一点乐趣。"

爱一个人就要给他自由，不要让你的爱成为别人的一种负担。文慧不明白，夫妻之间最重要的就是自由和空间，于是以爱的名义将丈夫每天都拴在自己的身边，不给他任何的空间，结果只能让丈夫感到厌烦，致使夫妻感情最终分崩离析。

当我们想要握紧沙子的时候，用尽力气把拳头攥紧，不仅不能握住，反而会让沙子更快地从指缝间流失。而如果你学会放松，张开手掌，沙子反而会乖乖地待在你的掌心。婚姻就像是这手中的沙子，握得越紧，给对方的压力越大，只会让对方越发想要逃离。

真正爱一个人，并不是要占有他，也不是要控制他，而是要满足他自由的愿望，给他选择的权利，让他主宰自己的生活，这才是真正的相爱。这样的爱情才能天长地久，这样的爱情才能得到幸福。

台湾有一首歌唱得好："我要对爱坚持半糖主义，永远让你觉得意犹未尽，若有似无的甜，才不会觉得腻，我要对爱坚持半糖主义，真心不用天天黏在一起……"

因此，不要用自己的爱束缚对方的手脚，让爱呼吸到自由的空气。

有人说："其实两个人相爱，就像两只刺猬在一起取暖，靠得太远起不到取暖的效果，靠得太近又会彼此伤害。"既然真心相爱，就要保持距离，这样既能起到取暖的效果，又能给对方自由，不伤害彼此。

在这里，我们分享一个有趣的哲理故事：

有个国王很喜欢微服巡游。一次，他巡视江河时，一不小心掉入了河中，河里一只神龟向他游来，说可以驮他过河。但前提是，国王必须正确回答一个全世界最困难的问题才能得到帮助，国王迫不及待地答应了神龟的条件。

神龟问道："男人最想要的是什么?"

对于一个男人来说，这似乎并不是什么难题，可是，国王却一下子被问懵了，他请求神龟先把自己驮到岸上，给自己一周的时间来寻找答案，然后再回答它。神龟同意了国王的请求，并告之如果不信守承诺，则会有可怕的报应。

回到王宫之后，国王立即召集所有臣子和国内有名的智者，让大家找出答案，有的说是权势，有的说是金钱，也有的说是美色，答案五花八门，但都不是很理想，眼看期限就要到了，大家都为想不出答案而愁眉苦脸。

在这个时候，有一位又老又丑的巫师求见国王，说："我可以化解国王的危机，但是，我必须娶美丽的公主为妻子。"为了不让父亲遭受报应，孝顺的公主毫不犹豫地答应了这个条件。

巫师说："男人最想要的是能主宰自己的生活方式。"国王带着答案去找神龟，神龟听了这个答案后，称赞国王是全世界最聪明的男人，满意地游走了。

回到官中之后，国王信守承诺给巫师和公主举办了盛大的婚礼。喜宴上巫师难看的吃相让周围的人没有了一点食欲，更让人觉得不能容忍的是他还大声放屁，不时发出不雅的笑声，不过漂亮的公主自始至终都没有说什么。

当所有宾客散尽，公主回到寝室，见到了惊人的一幕。眼前的男人根本不是那个丑陋的巫师，而是一个英俊潇洒，风度翩翩的年轻绅士。他对公主说："我打算十二个小时做绅士，你可以决定我是白天做还是晚上做。"

美丽的公主顿时陷入两难的局面。她想了一会，最后向巫师说："虽然你现在是我的丈夫了，我有一定的权利做选择，但是你自己决定何时要扮演你喜欢的角色就可以了，我不想干涉你的生活方式。"

巫师听了很高兴，说："由于你的包容与智慧，我决定天天二十四小时都是世界上最温柔、最英俊的丈夫，我要用我全部力量来陪伴你、照顾你。"

在追求幸福婚姻的路途中，你喜欢自由还是束缚？你，又给了对方多少自由空间呢？

一位哲人曾经这样说："现在我要告诉你们恋人之间获得幸福生活的秘诀。当你们共进早餐的时候，不要在同一碗中分享；当你们要共享欢乐，想要饮酒小酌的时候，不要在同一杯中啜饮。你们之间是自由的，就像琴上的两根弦，既能分开也不能分开；就像一座庙里的两根柱子，既是独立的也不是独立的。"

的确，爱情中的两个人是应该有韧性的，既能拉得开，但又扯不断。如此，在让家庭成为一个亲密生活的共同体时，又可以任由对方自由的发展。谁也不束缚谁，谁也离不开谁，这才是完美的距离。

薇薇就是这样一个善于营造幸福的女人。

薇薇是个十分幸福的女人，结婚六年来老公一直对她疼爱有加，感情世界里也没有出现过任何"外来者"，就连红脸的时候都很少见。好友请教薇薇的驯夫秘法，薇薇回答道："男人是用来爱的，不是用来管的。"

薇薇的老公是大学老师，经常要外出讲课，因而结识了很多朋友。这些朋友经常会邀请老公出去喝酒，薇薇从来不追问他跟谁喝酒。每次老公喝得喜气洋洋地回家，她也不会因为自己被忽略了而怪罪，反而更加温柔体贴地对待他。

有时候，老公的朋友会来电、寄信或是前来做客。薇薇从来不在乎老公的这些朋友是否是异性，对于他们打来的电话、寄来的信件她更是不横加干涉。倘若有朋友来访，她还会热情地款待他们。

"两个人再怎么相爱，仍然是两个不同的个体，不可能变成同一个人。把老公作为独立的一个人予以尊重，并给老公留下独处的时间和空间，如此我们的婚姻才和谐幸福。"薇薇笑着补充道。

如果你爱一只鸟，就给它展翅高飞的自由，让它尽情地享受天高地阔，让它尽情地品味风雨；如果你爱鱼儿，就给它翻江破浪的自由，让它尽情享受水深浪高；如果你真正爱一个人，就要给他一定的自由。

爱不是自私的，而是无私的，爱不是自己的私有财产，不是将对方强留在身边，任自己随意处置，爱是给对方自由。只有让爱自由，让爱展翅高飞，我们才能尽情地呼吸自由的空气，因此自由的爱会带给我们更多的幸福。

团队规则 6. 常回家看看，搭上幸福快车

亲情是上天对每个人的无私馈赠，无论何时，家庭都是你最温暖的避风港。记得常回家看看，为亲情保温。

在人生起点迎接我们，陪伴我们走上第一段人生旅程的，是父母；而在人生旅途中，永远向我们敞开怀抱，永远不会抛弃我们的，也是父母。正如有人说的："不当家不知柴米贵，不养儿不知父母恩。"父母将全部的爱都无私地给了我们，世界上最关心最爱我们的无疑就是我们的父母。

可是我们呢？总是在强调自己的酸甜苦辣，却忘记了父母其实比我们受到的苦要多得多；总是强调着自己对生活的无力，却忘记了父母也如同我们一样在生活。要知道，父母是为了我们而在苦苦地坚强生活。

从前，有一个年轻人，从小就与母亲相依为命，生活相当贫困。年轻人觉得自己生活得太糟糕，整日唉声叹气，郁郁寡欢，还不停地抱怨母亲。而母亲不但默默地承受儿子的指责，而且还要照顾儿子的衣食住行。

有一天，年轻人听别人说起远方的山上有位世界上最聪明的人，便想去向这位世界上最聪明的人讨教摆脱苦恼、获得幸福的方法。他一路上跋山涉水，历尽艰辛，终于在山上找到了那位聪明人，真诚地向聪明人说明自己的来意。

聪明人热情地接待了年轻人，说道："看你如此真诚，我可以给你指条道。你即刻下山，朝着家的方向一直走去，但凡遇有赤脚为你开门的人，这个人就是你获得幸福的关键。从此，你只要悉心侍奉他，那么快乐与幸福就是非常简单的事情！"

年轻人听了非常高兴，谢过聪明的人，欣然下山了。

第一天，他投宿在一户农家，他仔细看了看，男主人没有赤脚。第二天，他投宿在一座城市的富有人家，还是没有人赤脚为他开门。他一路走来，投宿无数，但是一直没有遇到聪明人所说的赤脚开门人。

渐渐地，年轻人对聪明人的话产生了怀疑。快到自己家时，年轻人已经彻底失望了。日落时，他没有再投宿，而是郁闷地往家走去。到家门时已是午夜时分，疲惫至极的他费力地叩响了门环。

屋内传来母亲苍老惊悸的声音："谁呀？"

"是我，妈妈。"年轻人沮丧地回答。

很快，门打开了。这时，年轻人一低头，蓦地发现母亲竟赤着脚站在冰凉的地上！原来，母亲一直在等着儿子回家，听到儿子的声音时，即刻起床，跑过来给儿子开门，连鞋子都没有顾上穿。

刹那间，灵光一闪，年轻人想起聪明人的话，突然什么都明白了。母亲为自己做了那么多的事情，给了自己那么多的爱，自己居然还要去别处寻找幸福，年轻人心生愧疚，泪流满面，"扑通"一声跪倒在母亲面前。

父母是我们人生的第一任老师，从我们呱呱坠地的那一刻，我们的生命就倾注了父母无尽的爱和祝福。或许，父母不能给我们奢华的生活，但是，他们给予了我们一生中不可替代的东西——生命与关爱。

"慈母手中线，游子身上衣。临行密密缝，意恐迟迟归。"多么真实的生活写照，它道出了所有父母的心声。可是我们呢？总是认为这份爱是理所应当的，儿行千里母担忧，而母在千里儿不愁，我们对得起父母的养育之恩吗？

特别是工作之后，结婚之后，"忙"成了我们拒绝回家看望父母的理由。于是，有了那么多的空巢老人，他们每个周末都盼望在外的游子回家看看，可是每次都望穿秋水一场空。

刘海为人谦和友善，在京城有着一份体面的工作，并且还拥有一个幸福温暖的家庭——妻子善良贤惠，儿子听话懂事。近年来，随着职务的不断升迁，属于自己的时间越来越少，回家看望父母的时间也越来越少。

在平时，刘海多是给父母汇汇钱，打打电话。每次打电话的时候，母亲都会问："你这周末有时间吗？回家看看吧！"每当这时，刘海总是搪塞着，他已经记不清有多少次这种电话了，而母亲也通情达理："没事，忙你的工作吧，有你父亲陪着我就行。"

这次，父亲打来了电话，坚持要刘海回家看看，说是母亲生命垂危。刘海赶紧放下手头繁杂的公务，匆匆驱车赶回老家。见到母亲的一刹那，他呆住了，只是几个月不见，母亲就瘦弱的不成样了……

原来，母亲半年前就已经查出患了癌症，她想告诉刘海这个噩耗，但又担心耽误儿子的正常工作，只好每次打电话时问问刘海回不回家。而刘海每次都会有各种各样不回家的理由，母亲只好作罢。

怎么会这样，怎么会这样呢？顿时，刘海的内心像针扎了一样，他恨自己当初的无知，后悔没有好好陪陪母亲。刘海任由泪水肆意地流淌着，这是愧疚的泪，也是痛苦的泪，是对于自己不孝的忏悔的泪……

还有一则事例。

她从小生活在单亲家庭，5 岁时父母离异，从此跟着母亲生活。

母亲视她为生命，中学的时候，离家住校，母亲每天都要给她打几个电话。

"下雨了，带把伞。"下雨的时候。

"天冷了，加件衣服。"天气突变的时候。

"多吃点饭，别光想减肥。"快要吃饭的时候。

她不胜其烦，每一次接电话，都会嚷嚷："妈，我又不是 3 岁的孩子，我懂得自己照顾自己。"

忽然有一天，母亲的电话没有准时打来，她的心慌了，打家里电话，无人接听，她手足无措。后来，阿姨打来电话，说她的母亲病了，目前在医院。

母亲患的是绝症，最终离开了她。

有一天下雨时，忘带雨伞的她走在雨中，当冰凉的雨滴打在她脸上的时候，她一下子想起了母亲，眼泪止不住地流了下来。那一刻她终于明白，世上最爱她的人已经去了，然而母亲在活着的时候，她却不曾珍惜。

对于父母，相信每个赤诚忠厚的子女都并非没有孝心，在拼搏奋斗的生涯中，我们也肯定不止一次地想过父母，可是我们常犯的错误是：等我有了钱一定好好孝敬父母，等我买了大房子一定接父母来住，让父母享受天伦之乐……

殊不知，"树欲静而风不止，子欲养而亲不待"，有些事可以等，有些事却是我们等不起的，比如孝敬父母，回报父母对我们的爱。世事无常，当有一天，一切都来不及的时候，哪怕我们的事业再红火，挣的钱再多，也无法补偿生命中失去的空洞，而歉疚与痛苦也将会令我们一辈子不能释怀。

比尔·盖茨曾这样说过："在这个世界上，什么事都可以等待，只有孝是不能等的，时间如水，在我们的一生中总是有很多的事情要忙。我们总是想等闲暇了再承欢膝下，再侍奉父母，让他们安度晚年。可是当我们拥有可以孝顺父母能力的时候，父母恐怕已经无福消受了。"

父母的爱是无私的，我们应该珍惜父母伟大的爱。我们总是在强调自己对生活、对未来的构想，却忘记了，未来的生活因有了父母所给予的一切才变得更加触手可及，才变得更加美好幸福。

所以，无论你在天涯还是在海角，无论你在忙东还是忙西，别忘了抽出时间，常回家陪陪父母。

父母是我们永远的守护天使，家是我们每一个人幸福的港湾。要知道，父母住在哪里，哪里就是我们的家，就是我们永远的驿站，就是我们永远温暖的港湾，纵然我们远离家乡、浪迹天涯，但我们的心永远走不出那个家，何况父母也因为我们的忙碌而生活在期盼和等待之中……

有了子女的陪伴，父母便会感受到心灵的舒畅和心境的快乐，而他们的爱也有了实际的着落。当我们陪伴父母时，他们便会感受到我们的挂念和关爱，从而在心中洋溢着一股别样的幸福。

为人子女，仅仅有孝心是远远不够的，还必须以实际行动来使父母感受到关怀。比如：听从父母的教导，关心父母的健康，分担父母的忧虑，参与家务劳动，做几道父母爱吃的菜，买些新鲜的水果……

正如歌曲《常回家看看》里唱的那样："找点空闲，找点时间，领着孩子常回家看看，带上笑容，带上祝愿陪同爱人常回家看看。妈妈准备了一些唠叨，爸爸张罗了一桌好饭。生活的烦恼跟妈妈说说，工作的事情向爸爸谈谈。老人不图儿女为家做多大贡献，一辈子总操心就为了平平安安。"

珍惜与父母在一起的每一分每一秒，享受亲情的关爱和满足。不要总是想着自己享受生活，抽出时间为父母做做饭；不要总是看自己喜欢的肥皂剧，留点时间倾听一下母亲对生活琐事的唠叨……

朋友，如果你的生活空间很大，那么请为你的父母留下一块；如果你的生活空间狭小，那么也请尽量给父母挪出一角。要知道，常回家看看，不需做多少事情，不需花多少钱，也不需花太多时间。

团队规则 7. 用爱，"浇灌"幸福花

人生最有意义的事，就是用爱浇灌出幸福之花。

人们都说："有了家就等于有了温暖，家是我们遮风避雨的港湾。"没错，有了家就等于有了一切，就算再大的风雨，有了家人的爱护和关心，我们也不会害怕，也能勇敢地面对风雨，接受各种挑战。

家是我们漂泊在外最想回归的地方，而家人则是我们最牵肠挂肚的对象，有了家人的爱，无论我们的生活有多么困苦，也都能体会到幸福的滋味。当然，这一切的前提是我们必须付出真心，用真爱去呵护家庭。

在美国，有这样一个家庭，父亲因整日忙于工作，无暇照顾孩子，他每天都在忙生意上的事情，甚至忽略了孩子的存在。

有一天，这个父亲刚回到家后又急匆匆地要出门，孩子很不理解，于是问父亲："爸爸，您一小时能赚多少钱？"

父亲得意地回答："10美元。"

孩子想了想，用恳求的语气问："爸爸，我想用10美元买您一个小时的时间，让您陪陪我，可以吗？"

父亲听完孩子的话，顿时愣住了，这一刻，他才终于发现原来自

己亏欠了孩子这么多，他放下手里的公文包，这一次，他没有再急着出门，他知道，自己该好好放个假陪陪孩子了。

所谓家庭指的并不是一幢漂亮的房子，而是一种付出，一种关怀，一种理解和一种信任，亦是爱的积累。故事中的父亲一开始以为，赚更多的钱便能让孩子过上更好的生活，从而忽略了所谓家庭的真正含义。最终，当孩子拿出钱，乞求般地渴望购买他的爱时，他才惊觉孩子真正想要的到底是什么。

人生最有意义的事，就是用真挚的爱回报亲情，用真挚的爱"浇灌"出家庭的幸福之花。当你有幸拥有"家庭"这个感情色彩极浓的字眼儿时，请你一定要格外珍惜，不管在任何时候都要小心地呵护家庭，就像爱护自己的身体一样。

情感是家庭和谐必不可少的一部分。和谐的家庭，离不开每一个家庭成员的关爱和责任；和谐的家庭，更需要每个家庭成员的情感支持。彼此牵挂对方，鼓励对方，是我们获得幸福生活的最好途径。

有一个小男孩，天生就有残疾——腿是瘸的。因为自己的先天缺陷，这个小男孩很是自卑，常常认为自己是世界上最不幸的孩子。

有一次，父亲要几个孩子每人栽一棵树，并且说："谁的树苗长得最好，就给谁买一件礼物。"这个小男孩原本打算放弃，但在父亲的鼓励下，勉强地栽了一棵，在给树苗浇了一两次水后，他就再也没有管过那棵树。

出乎意料的是，小男孩的树苗却比其他孩子的长得更好，为此父亲给他买了一件他最喜欢的礼物，并且称赞他以后一定能成为一个出色的植物学家。在父亲的表扬和鼓励下，小男孩变得自信乐观起来。

终于有一天，小男孩发现父亲一直偷偷地护育着自己的那棵小树……几十年过去了，那个小男孩没有成为植物学家，他成了美国总统，这个小男孩就是大家所熟知的富兰克林·罗斯福。

人生因为家的存在而变得更加幸福，在被家人鼓励、赞扬时，我们学会了坚强，学会了振作。这是因为亲情有助于我们享受到温馨、安全的生活，使我们可以重新鼓起面对生活的勇气。

家庭成员之间亲密无间的关系，对我们抗压、抗挫的能力会产生重大影响。富兰克林·罗斯福正是因为有了父亲默默的爱，才能重新变得乐观起来，才敢于面对外面的风风雨雨，也才有了后来的成就。

家庭如此重要，那么我们如何创建幸福家庭呢？这其实很简单，生活中只要多一分热情，少一分冷漠；多一分关爱，少一分忌妒；多一分宽容，少一分猜忌，那么我们的家庭就会美好和谐，世界也就会因我们而美丽，因爱而变得更加精彩！

要想拥有一个幸福的家庭，那么就请为你的家，为你的家人奉献出所有的爱吧！当你真诚地付出，用爱去浇灌手心的种子，才能最终收获幸福之花，从而实现生命的价值与美好。

第八章
交友守则：向世界释放你的善意

以善良的心包容他人，以感恩的心态回报他人，

在行走中成熟，这就是旅行的意义。

交友守则 1. 种下善因，施舍是一种幸福

在旅行中学会善良，在分享中学会慷慨，这就是人生这场旅行的

意义。

在人生的旅途中，我们会遇到各种各样的人，每一段旅程，都会

有人与我们结伴而行，而在旅途之中，相信没有任何人会拒绝慷慨善

良的旅伴。善良，是做人最基本的品质，亦是获得幸福人生的真谛。

所谓"善有善报，恶有恶报，种善因得善果。"如果你希望受到众人欢

迎，如果你希望别人善待自己，那么请你不要吝啬自己的善良，用善

良去对待别人。

人生在世，每个人都可能会遇到这样或者那样的困难，都希望获

得别人的帮助。如果你不肯施舍别人，不愿意伸手帮别人，那么等你

自己遇到困难的时候，又该祈求谁来帮助你呢？

德国人 Felix 的女儿患上了一种十分罕见的疾病，看遍了全国所有的名医都没有效果。有一天，Felix 得知一位美国名医要来德国考察的消息，于是又重新燃起希望，通过各种关系联系这位名医，可是都杳无音讯。

一天下午，外面正下着大雨，突然有人敲门，Felix 非常不情愿地把门打开，站在门口的是一个又矮又胖、衣服湿透、样子很狼狈的人。这人说："对不起！我迷路了，我能借用您的电话吗？"

Felix 不悦地说："对不起！我女儿正在休息，我不希望有人打扰她。"说完后，就关上了门。

第二天早晨，Felix 在读报纸的时候，看到一则关于美国名医的报道，上面附着名医的照片。天！Felix 惊呆了！原来那位名医就是昨天敲门借用电话的那位矮胖男人，Felix 后悔莫及。

人生中，总有很多事情就是那么巧合。因为一次拒绝，Felix 错失了拯救女儿的唯一机会。试想，如果那个下午，Felix 愿意对这位陌生人付出一点善良，愿意慷慨地给予他一些帮助，甚至只需要借出几分钟电话，那么一切都将改写。

一个人只有乐意施舍，对别人用心付出，才能收获幸福。这个道理，就如把自己的财物存在别人那里，什么时候需要都可收取，而所存的财物永远不会贬值，永远不会损失。难道施舍不是比贪求更幸福吗？

当我们想要收获丰硕的果实时，千万不要吝啬手里的种子。将它们播种并且精心的照顾，你会发现，到了收获的季节，会收获更多。所以，没有付出，又怎能够尝到收获的甜美呢？

我们来分享一个经典的故事：

在一个又冷又黑的夜晚，一位老人的汽车在郊区的道路上抛锚了。过了很久，终于有一辆车经过，开车的男子二话没说便下车帮忙。车修好之后，老人坚持要付一些钱作为报酬。

男子摆摆手谢绝了老人的好意，并温和地说："老人家，您不需要给我什么钱，我这么做是应该的。"见老人一再坚持，男人说："感谢您的深情厚谊，但我想还有更多的人比我更需要钱，您不妨把钱给比我更需要的人。"然后，他们便各自上路了。

老人开车继续上路，又累又乏的他不一会儿便来到了一家拉面馆。这时，一位身怀六甲的女招待立刻为他送上一碗热腾腾的拉面，关切地问道："先生，欢迎您光临，为什么这么晚了你还在赶路？"

老人讲了汽车抛锚的事情，并把男子救助自己的事也告诉了这位女招待，"这样的好人现在真难得，我真幸运碰到这样的好人。"说完，老人一边吃面，一边问女招待，"你怎么工作到这么晚？肚子里面的宝宝怎么办？"

女招待无奈地笑了笑说："其实，为了迎接孩子的出世，我需要第二份薪水。不过，没有关系，我的身体还可以吃得消。"

老人听后拿出 200 美元给女招待当小费，女招待执意不收，但老人态度坚决地说："你比我更需要它，就当我送给宝宝的礼物，请你一定要收下。"女招待盛情难却，最后只好将钱收下了。

回到家，女招待员将老人的事情告诉了丈夫，丈夫大感诧异："世界上怎么会有这么巧的事，我就是那个修车人。"

爱是一种能够在人与人之间传递的温暖，当我们付出一份爱的时候，这份爱便有了希望，有了生命。或许在将来的某一天，这份爱又将完成一个轮回，重新回报在我们身上。人生在世，谁都会遇到困难，当别人遇到困难的时候，我们伸出了援助之手，在帮助别人的同时，也播种下了一份善良。当这份善良开出美丽的花朵，让爱的芬芳不断传递下去之际，幸福也在悄悄萌芽。

当你对别人付出真诚和爱心，别人才会以同样善意的方式回报你。如果你希望获得幸福的人生，如果你希望别人善良地对待自己，那么就需要时常懂得施舍别人，"播种"善良。

学会施与，才能获得，种下的善因必然会结出很多的善果，而这份善果也将最终回到我们手中，让我们的人生更加幸福。

交友守则 2. 心存感恩之心，才能体会到幸福

每一个曾路过我们生命的人，都值得感恩；每一个曾精彩我们旅途的人，都曾帮助我们开启幸福之门。

俗话说："滴水之恩，当涌泉相报。"当我们面对困难的时候，如果有人帮助我们，在走出困境以后，一定要记得报答那些曾经帮助过

我们的好心人。因为只有懂得感恩的人才能感受到人生的快乐，才能体会到人生的幸福。

生活的经验告诉我们，生命的回报和付出差不多，如果我们对自己已得到的不知感恩，一味地抱怨自己没有得到满足，摆出一张臭脸面对世界，那么世界也不会给我们好脸色看，这样的人又怎能感受到人生的幸福呢？

因为一次车祸，两个好朋友不幸丧生了。他们结伴上路，希望都能到天堂去。半途中，二人遇到了神仙，问去天堂的路怎么走。

神仙见他们饥饿难忍，就给了他们每人一份食物，说道：“你们先吃些东西吧！等吃完东西，我再告诉你们。”

有一个人双手接过食物，非常感激地向神仙道谢。而另一个人则面无表情地一只手接过食物，闷着头吃了起来，仿佛神仙欠他钱似的。

两人吃完食物之后，神仙让那个拿到食物并说“谢谢”的人上了天堂，而另一个人则被拒之门外。

那个被拒之门外的人非常生气，不服气地对神仙说：“哼！我不就是忘了感谢你吗？你也太小气了。”

神仙看了他一眼，说：“这不是忘没忘的问题，而是有没有一颗感恩之心的问题。如果没有感恩之心那就不能够有发自肺腑的感谢。那些不知感激别人，不知‘爱’别人的人，一定得不到别人的‘爱’。”

听完神仙的话后，那个人还是不服气，继续说道：“我只是少说一句‘谢谢’而已，这样大的差异也太不公平了？”

神仙回答：“事实就是如此，通往天堂的路是用感恩的心铺成的，而天堂的门只有用感恩的心才能叩开。不过下地狱则不同，那里比较适合那些不知感恩的自私之人。"说完，神仙便消失了。

别人向你伸出援助之手时，未必就期待着你的感谢。感恩之心，真正惠及的并非他人，而是自己。当你拥有一颗感恩之心时，便会懂得用感激的目光凝视这个世界，也才能感受到来自世界的友好，从而体会到幸福的真谛。

有位哲人曾经说过，世界上最大的悲剧或不幸，就是一个人大言不惭地说没有人给我任何东西。也许，别人所给予你的帮助的确很微小，但是如果你有一颗懂得感恩的心，那么即使再小的帮助，你也可以用心体会到。

事实上，感恩不仅是一个人的品质问题，还是做人的基本原则。拥有一颗感恩的心，是成为优胜者的先决条件，而常存感恩之心的人往往会比其他人更有资格拥有一个幸福的人生。

一篇名为《心灵的感激》的文章，讲述的是日本著名推销员原一平的故事。

在日本寿险业，原一平是一个声名显赫的人物，他是日本保险业连续 15 年全国业绩"推销之神"。不过，年轻时的原一平工作并不突出，工资十分微薄，仅能糊口，在最穷的时候，甚至连坐公车的钱都没有。

那段时间，原一平经常到公司附近的公园里散步，一位大老板见他穿着贫寒，处境窘迫，可是却面带微笑，丝毫不像一个落魄的青年，便好奇地过来问他为何在如此情境下依然活得这么愉悦。

"我为什么不愉悦呢？我对生活中的万物充满感激之情"，原一平笑了笑，平静地说，"我感谢阳光赐予我温暖，感谢小鸟陪我歌唱，感谢微风给予我凉爽……我要感谢所有的一切！"

这个大老板被原一平的话折服了，于是从他手中买了一份保险。就这样，原一平用感恩之心换来了第一份保单。紧接着，他开始把感恩之心赋予客户，不仅为客户提供了无微不至的服务，而且还时常问候、拜访对方。

原一平用真诚的感谢打动了客户，客户又陆续介绍很多业务给他，使得他的业绩稳步上升，最终成为日本保险业务的金牌推销员！原一平时时刻刻感谢公司的栽培，认为没有公司提供的平台就没有今日的他。

就是在感恩之心的引导下，原一平才得到了上司和客户的回赠，并登上事业高峰，成为所有人为之敬佩、为之推崇的"推销之神"。这种时时懂得感恩他人的精神，值得我们所有后来人学习和敬仰！

在生活中，我们也应该有报恩的心情，有知恩图报的意愿。当别人对我们有恩时，我们应该铭记在心，少一些怨天尤人和一味索取，知恩图报。这样，我们才能安心，才能更好地享受幸福的生活。

交友守则 3. 给别人一些赞美，播下幸福的种子

赞美绝对是交朋友的最优法则，不吝啬给予别人赞美的人，在人生旅途中往往不会孤单。

赞美，是对别人优良品质、能力和行为的一种语言肯定，能够使人找到自尊，也能够让人在社会上找到自己的位置。在赞美面前，每个人都是渴望的，没有一个人不渴望得到别人的赞赏。

当我们给别人送去赞美的同时，也就是肯定了对方的能力，这是向对方表达善意的最好方式，如此别人自然就会喜欢我们，给我们不一样的礼遇。赞美就像种子，播出的越多收到的幸福也就越多。

有一个年轻人，陪着自己的女友去看望姑妈。

姑妈是一个很严肃的人，所以待人接物时态度有些冷冰冰。年轻人注意到了这一点，聊天的时候，他环视了一下房子，问道："姑妈，看您这栋房子的建筑和格局，应该是 1980 年建的吧？"

姑妈说："没错，正是那年建的。"

年轻人发出了由衷的赞叹："这和我小时候住的房子是一样的，非常漂亮，格局也好，我最喜欢这种建筑风格了，只可惜现在的人都不太讲究这些。您能告诉我，当初您是怎么设计这房子的吗？"

听完年轻人的话，姑妈眼前一亮，封印很久的记忆再次被激起。她对年轻人说："这是我和我丈夫一起设计的，我们梦想了好多年才实现。"

年轻人说："这真是一件完美的艺术品。"

姑妈非常高兴，认为这个年轻人是一个懂得欣赏的人，自己找到了知音。于是，带着年轻人参观了各个房间，以及自己珍藏的各类物品，年轻人对每一件珍藏品都发出了由衷的赞叹。

当他们起身要走的时候，姑妈执意要把一辆崭新的汽车送给年轻人，年轻人说什么也不肯接受，姑妈说："这部车子是我丈夫买的，没买多久他就去世了，自从他死后，我就再也没坐过这辆车，你那么懂得欣赏，我很乐意送给你！"

想要让一个人喜欢你并不困难，你只要准备好友善的笑容和真诚的赞美就可以了。就像故事中的年轻人那样，面对姑妈的严肃和冰冷，他没有选择退缩，而是用真诚的赞美打动了姑妈，激起她尘封已久的兴趣。最终，在赢得姑妈好感的同时，也让姑妈度过了一段快乐而难忘的时光。俗语有云："良朋难觅，知己难求。"人生得一知己足矣，有些人苦苦寻觅了一辈子，最终也没有找到，知己真的那么难找吗？其实不然，知己并不是像我们想象的那么难找，只是大多数人口中都缺少了一句由衷的赞叹而已。

事实上，只要你不吝啬表达自己的欣赏，多给别人一点真诚的赞美，你会发现自己可以是任何人的知己。赞美传达的是善心和好意，传递的是信任和情感，赞美可以让对方的内心和我们贴得更近，可以让彼此隔阂的心墙消失溶解。

常言道："善言一句使人笑，恶语半句惹人跳，甜言蜜语三冬暖，恶语伤人六月寒。"这虽然有些夸张，但这确实就是赞美的强大力量！即使在低谷时期，我们也能因为一句赞美而温暖，也能因为一句赞美而获得幸福。

一个毫不吝啬赞美的人，他的心灵就像火种一样，走到哪里都会给人带去温暖和光明。当别人得到我们赞美的时候，他也会抱着一颗同样的心，将温暖和光明回馈给我们，如此我们就等于播下了幸福的种子，得到了整个太阳。

美国著名小说家柯恩，被称为是世界上最富有的文人，但是让谁都没有想到的是，他不是出生在书香门第，而是出身于铁匠之家，自幼并没有受过良好的教育。

谁能知道，他的文学之路竟然是由一份赞美开始的。

在还没有成名之前，柯恩就酷爱文学，尤其喜欢罗赛迪的诗。他读遍了罗赛迪所有的诗，内心对罗赛迪充满了敬佩之情，于是真诚地写了一篇赞美罗赛迪文学成就的演讲稿，寄给了罗赛迪。

罗赛迪收到讲稿之后，既意外又高兴，让他高兴的并不是有人赞扬他，而是居然有人对自己的才学有这样高超的见解。这让他认为柯恩一定是个可塑之才，于是，就请柯恩给自己当私人秘书。

跟着罗赛迪工作，柯恩接触到了大量优秀的文学作品，并学习到了许多写作知识。渐渐地，他以铁匠儿子的身份，踏上了文学之路，并且取得了非常高的成就。

　　柯恩之所以能够成功，就是因为他毫不吝啬自己对别人的赞美。赞美别人并不会让我们损失什么，但是赞美却往往可能帮助别人找到自尊、找到价值，而我们相应也会获得同样的尊重，何乐而不为呢？

　　当然，赞美对方并不一定是他获得了显著的成绩，在日常生活中成绩显著的人也并不多见。所以，我们要善于发现别人微小的长处，不失时机地予以赞美，而赞美的过程越具体，则越能说明你对他的了解和看重。当然这一切要依据事实，不能夸大其词，否则反而容易让人觉得你很虚伪进而产生反感。

　　比如，对于经商的人，你可称赞他头脑灵活，生财有道；对于公务人员，则可称赞他为国为民，廉洁清正；对于知识分子，大可称赞他知识渊博、宁静淡泊；对年轻人则不妨语气稍为夸张地赞扬他的创造才能和开拓精神，并举出几个例子证明他前途无量……

　　总之，要想得到什么，首先就要给予什么。赞美就像种子一样，播种的越多，收获的也就越多。我们多给别人一些赞美，就等于为自己播下幸福的种子，在不久的将来必定会收获幸福的果实。

交友守则 4. 分享越多，得到的幸福就越多

当你将幸福分享给别人时，你们便拥有了两份幸福。

在生活中，只有懂得分享的人生才会有意义，才能找到幸福的真谛。如果我们的生命没有分享，那么所有的感情之花都会枯萎，所有的财富都将变得一文不值，这样的人生又何谈幸福与快乐？

想象一下，你遇到了非常高兴的事情，或激动人心的时刻，但是兴奋的心情却没有人和你分享，也不能和任何人说。这时候，你是会感觉幸福还是抑郁呢？

分享是幸福的一种方式，永远不要吝啬与别人分享你所拥有的幸福和快乐！要知道，幸福和快乐并不会因为我们的分享而失去，相反还会因为我们的分享而变得更多。

这里有一句很经典的话："把痛苦和别人分享，那么就等于别人和自己分担了一半痛苦，而自己则减少了一半痛苦；把快乐和别人分享，自己获得快乐的同时，别人也为你的快乐而快乐，那就等于获得了两份快乐。"

我们来看一个例子：

有一群年轻的探险家想挑战沙漠，他们带足食物和水，走进了沙漠。可是，沙漠的环境实在是太恶劣了，随着时间一天天过去，食物

和水不断减少，渐渐地，面对恶劣的环境，有些人支持不住了，有的饿死，有的渴死，最终只剩下两个人。

这两个人互相扶持，互相鼓励，在沙漠里艰难前进。十多天过去了，他们仍然没有走出沙漠。可是，这时候，他们只剩下一袋面包和一瓶水了，强烈的求生欲望让他们的本性暴露出来。

原本他们决定吃掉这些东西补充体力，做最后的冲刺。可是，当他们看到食物和水的时候，便开始争夺，一个人抢到了面包，另一个人抢到了水。两人谁也不肯给对方分享一点，结果抢到水的饿死了，抢到面包的渴死了。

后来，又有一批人去那个沙漠探险，到最后也只剩下两个人，只剩下一袋面包和一瓶水，但是在最后一刻，他们分了面包分了那瓶水，最后二人不光成功地走出沙漠，还成了患难之交，获得了幸福。

不愿意分享的两个人，不但没有走出沙漠，而且葬身于沙漠之中。而懂得分享的两个人，成功地战胜困难，战胜沙漠，结果不但保存了生命，还获得了难能可贵的友谊，这就是分享的好处。

懂得分享的人，看似是在做"赔本"买卖，实际上往往可以收获更多。因为我们学着与别人分享一些东西的同时，别人也会心甘情愿地拿出自己的东西与我们分享，这样一来，我们不仅不曾失去，反而还会获得双倍，甚至三倍、四倍的幸福。

在生活中，几乎每一个人都有过这样的体会：当独自研究一个问题时，可能思考了 5 次，还是同一个思考模式。如果拿到集体中去研究，从他人的发言中，也许一次就可以完成自己 5 次才能完成的思考，并且还能从他人的想法中使自己产生新的灵感。

其实，不仅是我们个人，企业也应该学会分享。如果仔细观察微软、英特尔等商业巨头，那么你会发现，他们的成功都是源于分享。

以微软来说，视窗操作系统的火爆，让微软大赚了一笔。可是，微软总裁比尔·盖茨非但没有"私藏"这项技术，反而还与所有硬件厂商和软件厂商分享视窗操作系统火爆的商机。现在，很多硬件厂商的产品都支持微软的所有操作系统，而所有的软件厂商的产品也能在微软的操作系统中运行，这就是微软的分享精神。正是因为这种分享，微软才能称霸全球操作系统市场。

试想，如果比尔·盖茨气量狭小，不把火爆的操作系统市场与硬件厂商和软件厂商分享，那么仅凭一己之力，微软能够有今天的辉煌吗？答案明显是否定的。假如他真那样做，无疑大大压缩了微软操作系统的市场，也不可能成功占据如此多的市场份额。他的分享看似是付出，但实际上却是一种无形的得到。

你把你的给我，我把我的给你，在这样互惠互利的过程中，我们不但能够赢得别人的感激，获得更深厚的友谊，而且还能成就自己辉煌的事业，进而得到更多的幸福。分享是一种双赢，也是通向幸福的正确道路。

交友守则 5. 把 "爱" 给他人一点点

你愿意付出爱的时候，才能真正收获到爱。

人们都说："被爱是一种幸福，因为它证明了自己在别人心目中的地位。"然而事实上，并不是我们在别人心里的地位高，我们就是幸福的。人生中最幸福的事情不是被多少人爱过，而是我们有多爱别人，心中有爱才是真正的幸福。

一个人，如果心中没有爱，那么即便别人给予我们再多，我们也无法感受到幸福，一个心中没有爱的人，又怎么能感受到爱的珍贵呢。

有一位女孩，跪在花园里非常虔诚地向神祷告，希望能够得到神的垂怜，恳求神能够帮她一把。神被她的虔诚感动，出现在她的面前，问道："你有什么心愿有求于我？"

女孩对神说："仁慈的神，求你帮帮我吧。"

神说："孩子，你不要着急，慢慢说，你遇到什么麻烦的事情了？"

女孩回答："有一个男孩在追求我，他很爱我，而且非常细心。每天早晨，他都会把一束玫瑰花放在我的门口；到了晚上，他也会来到我的窗前，为我唱歌。可是不知道为什么，最近一个多月，他都没有为我送过花，也没有为我唱过歌。"

神问她："那你对他付出过什么吗？有表白过你的真心吗？有爱他吗？"

女孩摇摇头，说："他那么爱我，根本就不需要我爱，我为什么还要多此一举呢？"

神说："那他之前每天都送给你鲜花，每天都为你歌唱，你觉得幸福吗？"

女孩说："我也不知道，只是他现在不来了，我总是觉得心里缺少点儿什么，总是认为他每天都应该来，因为我已经习惯了。"

神摇了摇头，对女孩说："这就是你为什么不幸福的原因，你只知道从别人的身上得到爱，却不曾付出过爱。要知道，只有付出之后得到的爱才是幸福的。当你想得到别人的爱的时候，就必须要先去爱别人，这样你的生活才是幸福的。而像你这样，即使得到了男孩的爱，你会幸福吗？"

是的，就如神说的那样，要想得到爱，首先得学会爱别人，这样我们才会幸福。爱是相互的，只有用真爱换回来的才是真爱，才能让我们的内心充满幸福的滋味，才会体会到相爱的甜蜜味道。

一个只知道索取而不懂得付出的人，无论如何都是不会感到幸福的，因为这样的人根本就不懂得爱的真谛，自然也不会去珍惜得到的爱。

爱是一粒粒幸福的种子，只有舍得付出才会开出幸福的花朵，在芬芳众人的同时，最幸福、最陶醉的还是我们自己。爱因斯坦曾说过："请学会通过使别人的幸福快乐，来获取自己的幸福"。也就是说，我们要想获得幸福，首先要学会如何使别人获得幸福。

其实，我们每个人都是被折断翅膀的天使，只有通过爱别人，与别人互助互爱、相辅相成，才能共同飞向幸福的天堂。所以，拥有爱的能力，懂得爱别人的人是最有资格拥有幸福的。

在广袤的草原上，动物们歌舞升平，载歌载舞，这时候鹿小姐正欢快地跳着舞蹈，她那婀娜的身姿，美丽的脸庞，夺取了众人的眼球。

这时，一位年轻的雄鹿走了过来，非常绅士地对她说："小姐，你真漂亮，我想你如果能参加这次动物王国的舞蹈大赛，那么一定能获得冠军。"

那头雄鹿刚说完，鹿小姐就黯然地低下了头，她说："我连交报名费的钱都没有，又怎么可能夺冠呢？"

雄鹿说："没有关系，我帮你想办法，明天的这个时候，你在这里等我，我送你报名费。"

鹿小姐听完后，非常高兴地说："是真的吗？真是太感谢了，参加舞蹈大赛是我毕生的梦想。"

到了第二天，鹿小姐很早地就在约定的地点等着鹿先生了，这时候，鹿先生从远处走了过来，将报名费递给了鹿小姐。鹿小姐看着鹿先生头上裹着纱布，就问他："您怎么了，受伤了吗？"

鹿先生含含糊糊地说："没事，昨晚由于天太黑，我不小心把鹿茸给撞断了。"

鹿小姐说："你在骗人，昨晚的月亮那么圆，你怎么说天太黑？我之所以会愿意接受您的帮助，是因为您是个诚实的人，看样子，是我看走眼了。"说着她把钱还给了鹿先生转身就走。

鹿先生立即拉住鹿小姐的手说："好吧，我实话告诉你，我的鹿茸是被猎人割走的，是我主动找猎人，把鹿茸卖给他，给你凑足舞蹈大赛的报名费。我真心实意地想要帮你达成愿望，因为我爱你。"

鹿小姐被鹿先生的真心感动了，紧紧地抱住了鹿先生。之后，鹿小姐在舞蹈大赛中，一路过关斩将，赢得了冠军。后来，鹿小姐以身相许，和鹿先生过上了幸福的生活。

为了帮鹿小姐达成心愿，鹿先生不惜找猎人割掉自己身上最值钱的鹿茸，以换取舞蹈大赛的报名费。鹿先生正是由于懂得如何去爱别人，才将鹿小姐感动，对其以身相许，迎来属于他们的幸福。

爱是相互的，舍得付出自己的爱，才有可能收获到别人的爱。因此，我们要想获得幸福，与其沉浸在被爱的幻想里，还不如清醒一下，行动起来去爱别人。在付出爱的过程中，我们的内心便会因爱变得不再荒芜，从而为自己赢得一片幸福的天地。

交友守则 6. 尊重别人，就是尊重自己

不管是亲情、友情还是爱情，都有一个共同的前提——尊重。

每个人内心深处都渴望能够得到别人的尊重，而想要得到别人的尊重，我们首先就应该学会尊重别人。有句话是这样说的："当你想要别人怎么对你，那么你首先要懂得怎么对待别人。"爱是相互的，尊

重更是相互的。

　　一个人如果不懂得尊重别人，自然也就不会得到别人的尊重，甚至可能会遭人厌烦，让幸福离得越来越远。

　　东汉末年的杨修是个文学家。他才思敏捷，机智过人，非常善于舌辨，是曹操的谋士，官居主簿，负责典领文书、办理事务。可是他却因恃才放旷，无所顾忌，数犯曹操之忌，最终招来了杀身之祸。

　　曹操欲建花园，动工前审阅设计图纸时，在园门上写了一个"活"字。本是有意和工匠们斗智，而杨修却自作聪明地揭破谜底，还四处张扬说："丞相嫌园门设计的太大了。"这委实是不知趣。

　　曹操为了考考周围文臣武将的才智，将塞北送来的一盒奶酪盒上竖写了"一合酥"3个字，杨修把曹操的"一盒酥"给大臣们分吃了，还从容地回答："盒上明明写着'一人一口酥'，我等岂敢违丞相之命乎？"曹操虽然喜笑，而心头却很妒忌杨修的才智。

　　又过了几年，一次，曹操和杨修骑着马讨论一些问题。有一个问题杨修想了一会儿，就想了出来，他刚要说出来，却被曹操制止了，他要自己想。转眼间他们行了十里，可是曹操还是没有想出来，于是下马继续想。可是又走了十里，曹操还是没想出来，杨修不愿意再走，就骑着马和步行的曹操又并行了十里。后来，杨修和别人说："曹丞相低我三十里。"话传到曹操的耳朵后，令其大为恼火。

　　后来，曹操进攻汉中时，连吃败仗。欲进兵，怕马超坚守；欲收兵，又恐蜀兵耻笑。正在犹豫不决时，恰逢庖官进鸡汤，于是就随口说了一句"鸡肋"。众将们都不知道是什么意思，只有杨修开始收拾行李，并对别人说："魏王今进不能胜，退恐人笑，在此无益，不如早归。"

一直以来，曹操就恨杨修才高于己，恃才放旷，而且还干预立嗣及军国之事。今见杨修又猜透了自己的心事，便恼羞成怒，命人以扰乱军心的名义把杨修杀了。

因杀杨修曹操背了千载"嫉贤妒能"的恶名，但是当我们在怪曹操忌妒心太重的时候，是不是应该想一想杨修真正的死因会不会是他太过傲慢、不尊重曹操呢？曹操当时身为丞相，一人之下万人之上，是所有诸侯最大的霸主，连皇帝都让他三分，可杨修却不把自己的主子曹操放在眼里，不懂得尊重他，可谓咎由自取。

学会尊重别人就能赢得别人的尊重，如此既保住了双方的面子，又能让大家和睦相处。相反如果大家都不懂得尊重别人，你对我冷嘲热讽，我对你横加指责，那么人和人之间又怎么能和平相处呢？我们的生活还有什么幸福可言呢？

一次，豆豆和峰峰出差，在吃早饭的时候，峰峰出去买报纸。过了一会儿，峰峰却空手而归，气急败坏地开始抱怨。

豆豆问道："怎么了，什么事情让你这么生气？"

峰峰说："我去买报纸的时候，递给那个卖报纸的100块钱让他给我找钱，谁想那个家伙接下来不是找钱，而是把报纸直接从我腋下抽走了。我正纳闷呢，他却说自己做的是生意，不是换零钱的。"

就在峰峰还在数落卖报纸的人傲慢无礼的时候，豆豆穿过马路走到报亭前，和和气气地对老板说："先生，您能不能帮我个忙，我想买份报纸。可是我现在只有一张 100 块的钞票，我在这人生地不熟的，没法破开，该怎么办呢？"

谁知，卖报纸的老板毫不犹豫地把一份报纸塞给豆豆，并说："没事，你先拿去看，有零钱了就给，没有就算了。"

豆豆拿着报纸，给峰峰上了一堂为人处世的课。

当我们对别人多一分尊重的时候，别人对我们的尊重也会增长一分。峰峰不懂得尊重别人，结果也受到了别人的无礼对待。相反，豆豆对人多一分尊敬，对方自然也对豆豆多一分尊敬。

平等和尊重是人与人建立交往的前提，上天也许给了你美貌，给了你地位，但这并不能成为你不尊重别人的理由和借口，当你连尊重别人都学不会的时候，在别人眼中，你也不过就是一具粗鄙不堪的臭皮囊罢了。

在一架班机的经济舱里，一名漂亮的白人女士被安排在一个黑色皮肤的男人旁边。任凭黑人怎么微笑、友善，她都怒目相视，最后甚至气势汹汹地把空姐叫来："你们必须给我换位子，我受不了坐在这种令人倒霉的、丑陋的家伙旁边！"

空姐脸上的笑容僵住了，她看了看身边的黑人，有些不好意思，而黑人也只能无奈地用尴尬的微笑作为回应。空姐说了句"请稍等"，然后就走开了。这时，白人女士有些得意地瞟了一眼黑人，鼻腔里发出"哼"的一声，准备收拾东西。

几分钟后，空姐回来了，微笑着说："女士，很抱歉，经济舱已经客满了，不过在头等舱还有一个空位。"不等白人女士说话，空姐接着说："将经济舱乘客提升到头等舱是我们从未遇到过的情况，但是我已经获得机长的特别许可。"

白人女士高兴地站起来准备换去头等舱，可是空姐却转向那名黑人："机长认为要一名乘客和一个令人讨厌的人同坐，真是太不合情理了。先生如果您不介意的话，我们已经准备好头等舱的位子，请您移驾过去。"

白人女士呆住了，机舱里爆发了一片热烈的掌声。

一个不懂得尊重别人的人，永远也不会获得别人的尊重。这位白人女士不懂得尊重他人的行为并没有显出自己的高高在上，反而只暴露了她的浅薄和无知，自然遭到空姐和周围乘客的厌恶，当然也就不可能得到他人的认同和支持了。

尊重别人是一种美德，是一种良好修养的表现。纵观那些受欢迎的人，无一不是尊重别人的人，他们谦虚、和善、大度，塑造友好的气氛。与这样的人交往，人人都会感到快乐和满足。

在人际交往中，请尊重你身边的每一个人吧，尊重别人并不意味着低人一等，反而能在换来别人尊重的同时，赢得良好的口碑和人缘，如此也就更容易接近幸福了。

第九章
摄影留念：仰望幸福的角度

最热门的未必是最好的，旅途的美丽，

如人饮水，只有细细品味才能发现。

摄影指导 1. 生活并非无幸福，而是缺少发现的眼睛

同样的风景，在不同人的镜头下，总能展露出别样风情。

同样的风景，在我们手中的相机镜头下所呈现出的画面，与在专业摄影师的镜头下所呈现出的画面似乎总是截然不同的，这是因为，我们在用不同的目光看待这个世界。生活从不缺少美，缺的是发现美的眼睛。正如我们的人生一般，当我们感到不幸的时候，往往并不是因为生活缺少幸福，而是我们缺少了一双能够发现幸福的眼睛。

生活是美好的，在生活的每一个角落都藏着幸福。我们都过着同样的生活，享受着同样的蓝天和空气，只不过善于发现幸福的人选择了快乐地生活，而不善于发现幸福的人则选择了痛苦的生活。

寓言故事《哭婆婆笑婆婆》就是最好的证明：

有一个老婆婆，不管是晴天还是雨天她都坐在路口哭，周围的人看着老人这样，以为她生病了，就关心地问："您是怎么了，是身体不舒服还是心里有什么事情，可以和我们说说吗？"

老婆婆伤心地说："我只不过是担心自己的两个女儿，她们都出嫁了，大女儿婆家开了个染布坊，小女儿婆家是卖伞的。我下雨时哭，是因为今天大女儿没有生意；而晴天时哭，是替卖伞的二女儿难过。老天爷怎么能这样对我，让我每天都担心呢！"

对此，众人一筹莫展，于是老婆婆就继续哭泣，人称"哭婆婆"。

直到有一天，一位禅师一语把哭婆婆从迷雾中拉了回来，禅师说："老人家大可不必天天忧心，你每天都应该幸福才对！您想啊，晴天的时候，您大女儿就会生意兴隆；下雨的时候，您二女儿就会顾客盈门。无论天气好坏，您的女儿们都会有钱赚，全天下的钱都让您的女儿们给赚到了，您还有什么不开心呢？"

听了禅师的一番话，老婆婆顿悟，从此街头便有了一个总是乐呵呵的"笑婆婆"。

哭婆婆变成了一个笑婆婆，这里的关键不在于事情本身发生了改变，而在于哭婆婆看待事情的角度发生了改变——她拥有了一双发现幸福的眼睛。天晴的时候大女儿会赚很多钱，下雨天二女儿生意兴隆，如此能不高兴吗？

人生本就是一场非常短暂的旅程，痛苦生活是一辈子，幸福生活也是一辈子，既然这样，我们为什么不选择幸福地走完自己人生的旅程呢？

　　不要把幸福当成一种奢侈品，生命中的每一件事，只要你能细心品味，都能在其中发现幸福。因为幸福不是简单的加减乘除，也不是高深莫测的命题，幸福只不过是一种心境和感觉，它就隐藏在我们身边大大小小的事情中。

　　也许，幸福就隐藏在你和家人的相聚中；也许，幸福就隐藏在你和爱人的耳鬓厮磨中。幸福可以是一片云，也可以是一朵花，还可以是一个微笑、一句赞美。每一件小小的事情，都有可能有幸福的存在，而它就在那里等待我们去寻找和发现。

　　美凤是一个非常普通的职员，她的长相、身材、学历、家境等各方面都很普通，一直过着很平淡的日子。最近公司新来了一位男同事，既英俊潇洒又非常优秀，美凤不禁为之倾倒，而公司里的另一位漂亮姑娘孟欢也毫不掩饰自己对男同事的爱意。

　　孟欢是公司的"司花"，长得非常漂亮，身材也很棒，还有着令人羡慕的硕士头衔。在平时，美凤就在心里将自己与孟欢摆放在了不同的位置，因为她知道，自己各方面都不如孟欢，根本没有可比性。但是，这次美凤决定试一试，毕竟每一个人都有追求和寻找幸福的权利。

　　这天，美凤邀请这位男同事到自己家中做客。美凤家徒四壁，室内简陋得没有一件像样的家具，而最引人注目的便是窗台上的一瓶花，花瓶只是一个非常普通的水杯，里面却放着一束漂亮的康乃馨。

　　美凤平时省吃俭用，怎么舍得买花呢？男同事有些诧异。美凤轻轻地笑了笑，解释道："这是前几天下班回家，路过天桥的时候买的，花了 50 元呢。说实话，以我现在的工资买这么一束花有点儿奢侈，但我还是毫不犹豫地掏钱买了。"

见男同事有些不理解，美凤接着说道："虽然我不漂亮，家境也不好，但是我有追求和寻找幸福的权利。我觉得幸福无处不在，只要我们有一双发现的眼睛，那么就能在生活中寻找到幸福。比如这束花，每隔两三天，我就要为它换一次水，再放一粒维生素 C，看着花开得如此娇美，我便觉得特别幸福。"

听完美凤的话，男同事沉默了一会儿，接着认真地看着美凤，问道："美凤，我可以和你一起照顾这束花吗？你介意让我和你一起去寻找属于我们的幸福吗？你愿意牵着我的手一起白头偕老吗？"

就这样，美凤如愿以偿地成了这位男同事的女友。

别人问这位男同事，孟欢那么优秀，可是你为什么会选择美凤？男同事回答："美凤虽然在物质方面不富有，但是她懂得去寻找生活中的幸福，我相信她会带给我幸福的，而我也会带给她幸福的。"

美凤虽然和孟欢相比没有任何优势，但是她有一双善于发现的眼睛，懂得在生活中的小事上寻找幸福，这样的人即使生活再困顿也会是幸福的。正是如此，美凤获得了那位男同事的好感和欣赏，最终和自己心爱的人牵手一生，拥有了更多的幸福。

幸福不在于财富的多少，的不在于是否平凡，而是在于你是否拥有一双发现幸福的眼睛，只有拥有这么一双眼睛，才能在平凡的生活中找到幸福。我们的生活可以平凡，可以简单，甚至可以一无所有，只要我们善于去发现，那么即使是生活中一件很小的事情，也能让我们尝到幸福的滋味。

正如卡耐基所说："生活的幸福可以用许多方法来表现，没有任何东西可以不屑一顾，也没有任何小事可以被忽略。一次家庭聚会，一件普通得再也不能普通的家务都可以为我们的生活带来无穷的乐趣与活力。"

记住，幸福并不奢侈，也非遥不可及，它是我们生活中的必需品，它就隐藏在我们生活中的每一件小事中，做家务、教育孩子、为配偶购买情人节礼物……倘若我们能够用心体会，那么生活时时刻刻都是幸福的。

摄影指导 2. 运用八分哲学，你离幸福会更近

优秀的照片，画面从来不会太满，适当的留白，才能激发人无限的想象。

有一句话说："忧勤是美德，太苦则无以适性怡情。"意思是说，为人很勤快是一种美德，但是，过于辛苦地投入，就会失去愉快的心情和爽朗的精神。这里涉及"八分哲学"，即做人做事只有八分才是最恰到好处的。

就像人们常说的："花未全开月未圆，留有余地才是美。随心所欲不逾矩，把握尺度最智慧。"我们做任何事情，都要把握个度，拿捏

好分寸，只有适度才能接近幸福，一旦超过一定限度，则会过犹不及。

这正如《菜根谭》中所说的几句话："天道忌盈业不求满。"它告诫人们事事要留有余地，如是则"造物不能忌我，鬼神不能损我"，反之，"若业必求满，功必求盈，不生内变，必招外忧"。

比如，吃饭的时候，我们如果吃得太饱胃就会难受，不如只吃八分饱，既享受到了美食，又能回味无穷；在做事情的时候，如果我们有十分的力气，那么我们只用八分，将剩下的二分力气用来享受生活。

的确，做人做事不能讲究"十分"，生命不可填得满满当当的。要知道，没有底线地投入精力，没有停留地奔波，身心就无法得到放松、舒展，倘若真成那样，那么人生将承受不可名状之重负和痛苦。

Manager 和丈夫是在大学时期认识的，两人毕业后没有工作多长时间就结婚了。那时候，他们的物质条件并不好，但两个人从来都没有叫过苦，倒是将生活中琐碎的烦恼和无奈演绎得津津有味。

Manager 是个好强的女人，虽然做着最基础的财务分析，但一心想往高处发展，事事都严格要求自己，加班加点更是常事。

年底的时候，Manager 所在的公司发布了一则选拔高级干部的消息，为了得到这个机会，Manager 几乎将全部的心思放在了工作上，每天都忙到十一点多才回家，这时丈夫已经睡着了。早上丈夫起床的时候，Manager 却还在睡梦中，丈夫又不忍心打扰她，就这样，两人常常好几天看不到彼此。

三年后，Manager 如愿以偿升任为财务主管。眼看朋友们的孩子都能打酱油了，丈夫时常说结婚都 3 年多了，也该添个小孩了。但 Manager 则认为工作到了要紧时期，自己一走肯定会有人代替自己的位子。

　　渐渐地，Manager 发现丈夫不再催促要孩子了，对自己也不再像以前那么好了。"我如此辛苦奋斗，不就是为了过得更好吗？为什么丈夫却不理解我呢？没有家庭，没有幸福，又有什么意思？"Manager 抱怨不已……

　　正所谓："月满则亏，精满则溢"，我们何必将自己的每一天都安排得满满的，让自己每天都那么忙碌呢？就像 Manager 每天马不停蹄地工作，将工作看成生活的百分百，不能好好地享受生活，如此怎会幸福呢？

　　要知道，我们不仅需要"战鼓如雷"的不懈奋斗过程，还需要有闲云野鹤般的恬适心境和时间，只要把八分精力和时间给事业就够了，余下的则留给家人、留给自己、留给生活，只有做到张弛有度，生活才会少一分痛苦，多一分幸福。

　　一张画作，塞得太满反而显得拥挤，适当留白才能激发人的无限想象。生活也是如此，过八分即可，才能享受十分幸福。

　　一天，书画大师启功先生正在自家花园里闭目养神。

　　这时，一个年轻人走了进来。他是启功先生门下一个小有成就的书法家，不但深得先生书法艺术精髓，而且还深受先生个人魅力影响——处处不张扬，静心刻苦。半年前，他刚刚在全国各地举办了书法个人巡展。

　　年轻人恭敬地说："老师，打扰您了，我想和您谈谈。"

"谈什么？"启功先生睁开眼睛说。

"在书法展大获成功以后，我劝诫自己要戒骄戒躁，勤奋练笔。从此，我便把自己关进书房，全身心地投入到翰墨书海之中，拼命举笔。几个月下来，一幅又一幅书法作品被创造出来，但是每一副作品都糟糕透了，最后都被我揉作纸团，扔进了垃圾篓。"

听完年轻人的困惑，启功先生不动声色地问："你刚才进院子时，看到我在干什么呢？"

"您在休息呀。"年轻人回答。

启功先生笑了，从椅子上站起身来，说道："我们书法创作有一个最简单的技法，那就是面对一张宣纸进行布白的时候，要做到'密不透风，疏可走马'，也就是说浓墨处，连风都吹不进来；留下的空白，却可以任马驰骋。"

见年轻人一脸迷惑，启功先生解释道："你全心投入、夜以继日地创作，精神虽然可嘉，但是不能将创作当作人生的全部啊。你也需要静下心来思考，或者完全放松自我，这样才能创作出好作品来。"

作画时留出适当的空白，为花鸟传神，替山水留韵，这一"留"给人以诗的想象，弦的余音。在花木中留一些距离，是为了让枝条有更广的伸展空间，而空间的旷远和花草的疏朗，也是一种高明的手笔……大千世界，万事万物，大概无一不是如此，这些都是八分哲学的真实体现。

任何时候，我们都要留两分给自己，在这些空白里静静地释放劳累和痛苦，静静地休养生息，如此你才会感到阳光的微笑、空气的清新、小草的欢笑……而最后，你会发现幸福其实无处不在，幸福是如此的简单。

一个哲人讲了这样一个故事：

"神给我分派了一个任务，让我牵一只蜗牛出去散步。于是，我就照做了。在途中，我尽管走得很慢，蜗牛也尽力在爬，可每次还是只挪动那么一点点的距离。于是，我开始不停地催促它，吓唬它，责备它。而蜗牛则用抱歉的眼光看着我，仿佛说自己已经尽力了。我恼怒不已，就不停地拉它，扯它，甚至想踢它。蜗牛被我这么一折腾，受了伤，可是依然慢吞吞地往前爬。

我想：真是太奇怪了，为什么神要我牵一只蜗牛去散步呢？于是，我开始仰天望着上苍，天上一片安静。我想，反正神都不管它了，我还管它干什么，任由蜗牛慢慢往前爬吧。于是，我就想丢下它，想独自往前赶路。想到这里，我的心静下心来……咦？我忽然闻到了花香，原来这边有个花园。这时一阵微风吹来，原来此刻的风如此温柔……而我以前怎么都没有体会得到呢？

突然，我明白过来，原来是我犯了错误，原来神是叫蜗牛带我来散步的……"

看到了吧，生活中有太多的美景等着我们去欣赏，何必非要付出十分的力气，让精神时刻处于紧绷的状态下，从而错过生命中最美好的风景、无暇享受片刻的幸福呢？

永远留两分给自己，我们可以用这两分的力气去欣赏美丽的云霞，去欣赏浩瀚的大海，去凝视耸立的山峰；也可以用这两分的力气，去陪伴年迈的父母，去陪伴妻儿，等等，在这些空白里静静地休养生息。

总之，我们在做任何事情的时候，都要掌握一个度，掌握合适的火候，学会运用八分哲学，给人生适当留白。这样，不仅心宽了，心静了，还会很容易发现生活中隐藏的幸福，从而更容易取得辉煌的成就。

摄影指导 3. 只要你肯寻找，幸福无处不在

当你寻找到最特别的拍摄角度时，自然能够拍出最特别的照片。

摄影师能拍出美丽的照片，不是因为拥有高级的相机，而是因为他们愿意寻找风景最美的角度。而幸福的人往往并非因为日子过得万事如意才幸福，而是因为他们懂得从生活的点点滴滴中寻找幸福，发现幸福。很多时候，人的痛苦并非来自生活，而是来源于我们的内心，当我们不懂排除痛苦，寻找幸福的时候，便体会不到阳光的温暖，嗅不到四季的花香，只能躲在悲伤的角落里默默流泪，浪费生命。

幸福从来不曾离我们远去，它就在我们身边，就隐藏在生活的每一个角落，只是我们选择了痛苦，于是遮住了发现幸福的双眼。无论我们身处何种境地，只要拥有一颗不被淋湿的心，只要怀抱着五彩缤纷的快乐心态，我们就一定会找到幸福。

　　有一个年轻人，由于工作需要去外地出差，结果只买到一张站票。火车上人非常多，年轻人穿过拥挤的人群，站在火车的过道里，准备等坐着的人下车后抢个座位。

　　有一位老人和年轻人并肩站在火车的过道里，他们被挤来挤去，站立得十分辛苦。过了一会儿，年轻人身旁一个有座位的人终于下车了，年轻人大喜过望，刚要坐下，谁知却被另一个壮汉抢了座。

　　没有办法，年轻人只得继续站着，心情沮丧极了。

　　不一会儿，年轻人听到老人发出一声赞叹："多美的景色啊。"老人凝神窗外，嘴角洋溢着笑容。年轻人顺着他的目光看去，只见窗外是一条波光粼粼的河，河面上还漂浮着点点帆船，确实非常漂亮，但是他现在心情差到了极点，哪里还有心思去欣赏外面的风景啊！

　　这时候，老人问："小伙子，你看，窗外的景色多美啊。"

　　年轻人随口敷衍道："是啊。"

　　老人继续说："你看，那田地，那河流，那山脉，是不是非常漂亮啊！"

　　年轻人露出毫不在意的表情，老人非常不解地问："难道不是吗？"

　　年轻人连忙说："是，是。"

　　老人笑了笑说："我知道了，你是在笑我迂腐吧！年轻人，现在大家把自己的心思都集中在抢座上，没有人有心思去欣赏窗外的风景，他们没有发现美的眼睛，更没有寻找幸福的心了。难道这段路，就必须坐过去吗？难道就不能一边欣赏风景一边站过去吗？我年轻的时候，因为种种原因，让幸福离我而去，现在的我不想再让其他烦恼束缚，只想擦亮眼睛去发现美，去寻找幸福。"

年轻人听后觉得心头一热，默默地和老人一起欣赏窗外的风景，寻找那份属于他的幸福。

在现实生活中，我们总是被一些微不足道的事情蒙住了眼睛，从而错过太多的美景和幸福。为何不能像老人所说的那般，珍惜生命的每一分钟，每一次体验，用恬淡的心，用明亮的眼睛去寻找幸福，发现幸福呢！

在人生的旅途中，有鲜花自然也就有荆棘，我们不要为花团锦簇而滞留，更不要因为荆棘满地而停止自己前进的脚步。只要任何时候都不放弃对幸福的追求，那么我们的人生处处都有幸福。

小镇上有一个摆地摊的女人，听说她男人脾气不好，经常会打骂她，家里还有一个瘫痪在床的婆婆，以及两个上学的孩子。

女人头发很长，总是梳得纹丝不乱，用发夹盘在头顶。女人身材颀长，喜欢穿旗袍，总能将廉价的衣料穿出独特的风情。她总是笑意姗姗地守着地摊，热情地与过往的人打着招呼。这样的明亮，让人没有办法拒绝，人们有事没事都爱到她的摊子前转转，临走时也会买一两件小商品。

几年后，家里开始有了些积蓄，还买了一辆车。可没想到的是，就在好日子即将来临之际，他们遭遇了一起车祸，不仅搭上一辆车，以及几十万的债务，还让女人的腿受了重伤，落下了残疾。人们都以为，女人这回倒下去怕是爬不起来了。可是半年后，她又在街头出现了，又干起了地摊生意。她照例盘发，穿旗袍，腿部虽然落下残疾，但也不妨碍脸上挂着的明亮笑容，而丈夫也时常过来帮她打点生意。

人们都很惊讶女人居然能够始终如一地阳光着、自信着。过了两年，女人又攒够了一笔钱，她买了两辆车，一辆自己跑出租，一辆让丈夫跑长途，日子过得红红火火、风风光光。

女人的生活是不幸的，但她却从来不曾放弃过为自己寻找幸福。她的成功与其说取决于她的才能，不如说是取决于她的选择。不管遭遇多少打击，她都不曾丢失自己对幸福的追求，选择用笑容和希望去面对，从而发现并创造了幸福。

人生就像照相机，能保存我们每一个幸福的画面，留住每一道美丽的风景。寻找是得到幸福的不二法门，只要我们调整好自己的心态，只要我们擦亮眼睛去寻找，那么我们就会得到更多的幸福。

正所谓："春有百花秋有月，夏有凉风冬有雪。"无论外界环境如何变换，只要我们擦亮眼睛，那么就会发现：一年四季都是幸福的好时节。人生又何尝不是一种幸福呢！

摄影指导 4. 简单也是一种幸福

那些能够打动人心的照片，所依靠的从来不是复杂的构图或美轮美奂的布景，越是简单，反而越能直击人心。

曾经有人这样说："我们如果想要过上神仙般的日子，首先就要学会像孩子一般生活，因为天堂只接收像他们一样的子民。"

有人会问："为什么呢？"

这是因为，孩子拥有人生最初的那份天真和简单，他们没有那么复杂的思想，也没有那么多的欲望，只要能够达成他们一个小小的愿望，他们就会露出非常幸福的微笑。

面对孩子般纯真的笑脸，一位老师问："你们觉得幸福吗？"

学生们异口同声地答道："没错，我们很幸福。"

老师再问道："你们是只有今天幸福，还是每天都很幸福啊？"

学生们回答说："我们每天都很幸福。"

老师接着问道："为什么会如此幸福呢？是什么让你们这么幸福呢？"

其中的一个学生举手，站起来回答说："我们什么都不用想，我的伙伴们和我一起玩，他们可以给我带来快乐，我很幸福；学校让我能够认识更多的小朋友，我很幸福；我喜欢我的老师，老师教会我很多的东西，我很幸福。还有好多我喜欢的人，他们都能够带给我幸福"。

老师觉得很惭愧，原来幸福这么简单。关于幸福这一讲，站在讲台上的应该是孩子。

孩子的幸福源于一颗简单的童心，用简单的心态去看待生活，自然能远离复杂的凡尘俗事，所以在他们的眼里一切都是那么美好，所以他们每天都能那么幸福和快乐。

每一个人都是从孩提时代走过来的，但是随着年龄的不断增长，经过社会的不断磨炼，我们忙于金钱、功名、利益的角逐，被这样复杂的生活牵扯，慢慢失去了那颗简单的童心。因此，我们也越来越难在简单与平凡的生活中体会到幸福。

你现在感觉幸福吗？你想找回幸福吗？

很简单，倘若我们能够像孩子那样每天都怀着简单的心态，不被那么多的复杂的凡尘俗事所扰，轻轻松松地去享受当下的生活，那么世界上就没有任何东西能够让我们烦恼，我们也会像孩子一样幸福。

陶渊明生活的东晋时代，朝代更迭，社会动荡，人民生活非常困苦。东晋义熙元年（405）年秋天，已过"不惑之年"的陶渊明为了养家糊口，在朋友的劝说下，出任离家乡不远的彭泽县令。

这年冬天，县里派督邮来了解情况，这位督邮是一个粗俗又傲慢的人。他一到彭泽县地界，就派人叫县令来拜见他。陶渊明得到消息，虽然心里对这种假借上司名义发号施令的人很瞧不起，但官大一级压死人，无奈只得马上动身。不料，有人拦住陶渊明说："参见这位官员应当穿戴整齐、恭恭敬敬地去迎接，否则他会在上司面前说你的坏话。"

　　其实，任官一段时间后，陶渊明早已厌倦了复杂的官场，厌恶官员之间的钩心斗角。听别人这样说后，他更是对官场失望了，于是决定不为五斗米而折腰，马上写了一封辞职信，从此再也没有做过官。

　　从官场退隐后的陶渊明，选择过简单的生活。他在自己家乡的半山腰上，选择一个地方盖了一个茅草屋，并在门前种上五棵柳树，自称为"五柳先生"，从此过起自给自足的田园生活。

　　在田园生活中，陶渊明每天过着日出而作，日落而息的生活，与山林为友，与鸟兽为伴。在这期间他写下了大量的山水田园诗："暧暧远人村，依依墟里烟""采菊东篱下，悠然见南山"……最终，这些诗歌将陶渊明推到中国最早田园诗人、著名的文学家位置上，他幸福地过完了下半辈子。

　　陶渊明正是由于怀有简单的心态，选择了过简单的生活，最终才体会到幸福，写下了那么多的山水田园诗。试想：如果他当初不选择在归隐山林，而是选择在官场上摸爬滚打，尔虞我诈，那么他还会那么幸福，还会名留青史吗？

　　我们与其怀着复杂的心态，去苦苦追寻轻松和快乐，还不如去掉那些烦琐，怀着简单的心态，去享受简单的幸福。简单点儿，内心便会平和一些，就会拥有快乐和愉悦的心情，从而发现生活中更多美妙的色彩。

　　当我们为每一次日出日落、草木无声的生长欣喜不已的时候，这是一种幸福；当我们怀着一颗简单的心，去和家人、朋友相处的时候，这也是一种幸福；当我们怀着一颗简单的心，去面对生活的点点滴滴的时候，这更是一种幸福。

"简单点儿，再简单点儿！奢侈与舒适的生活，实际上妨碍了人类的进步。"这是梭罗的一句感人至深的名言。多一分简单，少一些复杂，就能多一分舒畅，少一分焦虑；就能多一分真实，少一分虚假；就能多一分快乐，少一分悲苦。

不用挖空心思去依附权势，不必去贪图金钱，不必去留意别人看你的眼神。没有束缚的心灵，是快乐自由的，是随心所欲的，该哭就哭，想笑就笑，不去计较那些不必要的复杂，简简单单地存在，未尝不是一种人生的惬意？

既然简单的生活如此幸福，如此能体现生命的价值，那么简单应该成为我们的一个行为准则和追求境界，我们应该以三下五除二的方式，把那些束缚我们心灵和思维的世俗之网给撕碎，不被这样复杂的生活所牵扯！

要想过上简单的生活，你首先要做的事情就是知道什么是自己真正想要的。你可以反思一下自己：每天有多少事情是没有必要非要去做的？哪些事情会使自己的生活落入浪费时间、浪费精力的陷阱中？想明白了以后，及时减少那些程式化的活动，减少让自己心灵受累的事情。

其次，你还要远离各种名利和物欲的困扰，不要终日迷失在种种需求中，在物欲的天罗地网里苦苦挣扎。欲望和追求少了，内心自然也就简单了。

总之，只要你肯听从于你的内心，不被生活中的烦琐之事所缠，还心灵于安宁与单纯，那么就能体验到生活中真正的幸福、快乐和轻松，毋庸置疑这样的生活是最为精彩、最为舒适的！

摄影指导 5. 想开点儿，事情没有那么糟糕

世上本无事，庸人自扰之。无论何时，你都没有必要为将来的烦恼透支快乐。

在生活中，很多人有过这样的体验：一个电话没接到，按着来电显示打回去却没有人听，于是心里开始不安，胡乱猜测，会不会是张三，会不会是李四，还可能是谁谁谁。他们找我有什么事？于是开始坐卧不宁，什么事情都做不下去。

但是，这一通电话真的有那么重要吗？错过的这个电话，有可能是打错的，也有可能是推销的，如果真的是重要电话，多半他还会再打给你，即便真的错过了，那你仍在过现在的生活，又能怎么样呢？

世界上原本并没有什么复杂的事情，真正复杂的是我们的内心，是我们自己把事情想得过于复杂。有些时候只要想开一点儿，平平静静地享受现在，我们就会发现其实事情没有那么糟糕，生活是非常幸福的。

这里有一个真实的例子：

自从得知自己将要加入最危险的海军陆战队后，汤姆每天都忧心忡忡。

这时，爸爸决定和汤姆聊聊天。他对汤姆说："孩子啊，其实你没必要这么忧心忡忡的。到了海军陆战队，你也许留在内勤部门，也许分到外勤部门。如果你分到了内勤部门，就完全用不着去担惊受怕了，那些工作都是很轻松的。"

爸爸的话并没有让汤姆放松，他说："爸爸，去哪个部门也不是我自己选的啊！要是我被分配到了外勤部门呢？外勤部门不仅需要出去作战，还要面对各种非常恶劣的环境。"

爸爸笑着说："那也没关系。即使去了外勤部门，你还是有两个选择，一个是留在美国本土，另一个是分配到国外的基地。如果你被分配到美国本土，这跟待在家里没有什么分别，又有什么好担心的呢？"

"那要是我去了国外呢？"汤姆继续问道。

"这样啊，那你还是有两个机会。第一个，被分配到和平而友善的国家；第二个，你被分配到不和平不友善的地区。如果是前者，那么爆发战争的概率是很小的，几乎等于零，你什么事情都不会有。"

汤姆着急地说："可是，我要是真的去战争地区了呢？那我不就完蛋了么？"

"这怎么可能？如果你留在总部，而不是上前线，那么也不会有事。"

"那我要是上前线了，这该怎么办？假设我还受了伤，那我以后该怎么生活？"

"受伤也分程度的。也许你只是轻伤，根本无碍的。"

汤姆还是不满意，说："那要是不幸身负重伤呢？"

"那很简单，要么保全性命，要么救治无效。如果能保全性命，那么还担心什么呢？"

汤姆最后问道："天啊！要是救治无效，那我该怎么办啊？"

爸爸听完，大笑着说："这更简单了。你人都死了，还有什么可担心的呢？更何况，如果你真的死了话，你就是国家的英雄，很多人会赞扬你、崇拜你。要知道，这样的荣誉不是每个人都有幸拥有的。"

原来一直困扰自己的事根本没有那么严重。汤姆豁然开朗，充满信心和希望地加入了海军陆战队。他先被分配到外勤部门，然后又被分配到战争地区，最后还成为前线上的一名战士……面对这些安排，汤姆欣然接受，因为他相信后面有好的事情。

结果，在这种积极心态的引导下，汤姆作战英勇，屡建战功，终于获得了一等兵的荣誉。在作战过程中，他先后受过几次伤，不过并无大碍。鉴于他优秀的表现，现在汤姆已经被提拔为重点军校的一名军官了。

人心非常微妙，可以容纳消化很大的事，同时也可以把极小极小的事无限扩大，更奇怪的是，人们还总喜欢因为一些鸡毛蒜皮的小事发狂，似乎觉得这件事情不解决就没有办法继续生活。

但实际上，很多事情都没有那么严重，就像事例中的汤姆一样，无论分到部队的哪个部门都有多种不同的选择，可是他在不知道被分到哪个部门前，就开始忐忑不安，结果本来很简单的事情被他复杂化，让他失去了幸福的心情。

　　殊不知，人生并不是一成不变的，我们不如凡事想开一点儿。只有想开一点儿，心才会豁然开朗，心胸也才会变得豁达、宽大，只要心中有一片朗朗晴空，那么就能发现和感受到生活中的美好和幸福。

　　艾莉娜是一个快乐的百岁老人，她经常对别人说："人的一生不可能事事如意，已经发生的事实不可改变，唯一能控制的就是你的想法。我可以肯定地告诉你，凡事想开一点儿，任何事情都不糟糕。"

　　一个人很诧异，问道："假如您一个朋友也没有了，您会认为是好事？"

　　"当然，我会高兴地想，幸亏没有的是朋友，不是我自己。"

　　"当您走路时突然掉进一个泥坑，弄了一身泥泞，您会认为是好事？"

　　"是的，幸亏掉进的是一个泥坑，而不是无底洞。"

　　"如果遭了车祸，撞折了一条腿呢？"

　　"大难不死必有后福，有什么不好呢！"

　　"假如您马上就要失去生命，您还会认为是好事么？"

　　"当然，我高高兴兴地走完了人生之路，说不定要去参加另一个宴会呢！"

　　……

　　就这样，艾莉娜的世界里似乎永远没有糟糕的事情，事事都如意，她每天都生活在快乐之中。当然，这份快乐使她成为朋友圈中最受欢迎的女人，尽管她不够美丽，早已满头白发、皱纹横生。

　　看到了吧！世间很多事情都是有两面性的，是好是坏，全在于你怎么看。凡事多往好处想，你就会发现事情远远没有想象的那么糟糕，再不幸的生活也可以是一片艳阳天，也有幸福的可能。

俄国作家契诃夫曾经写过一篇题为《生活是美好的》文章，有这样一段文字："要是火柴在你的衣袋里燃烧起来了，那你应当高兴，应当感谢上苍，因为衣袋不是火药库；要是有穷亲戚到别墅来找你，那你不要脸色发白，而要喜洋洋地叫道：挺好，幸亏来的不是歹徒……"

在实际生活中，我们也不妨一试。比如，年过半百的你坐公交车的时候没有人给你让座，你可以感到生气、失望，但还可以这样想："我还没有老，我还年轻，假如我老态龙钟的话，别人早就给我让座了。"于是，你心里会乐滋滋的，仿佛又年轻了许多！

再比如，目前你失去了工作，失去了事业，那就不妨想想清闲的好处，不用再去关心工作上的烦恼和琐事，有了更多的时间陪伴家人，有了更多的时间做自己喜欢做的事情。

这么一想，你会发现很多事情没自己想得那么严重，你会发现曾经的害怕竟是那么幼稚、可笑，进而可以轻松、大度地去看待、处理每一件事。当一切让我们不高兴的事情都烟消云散，我们又怎能不幸福呢？

摄影指导 6. 因为知足，所以幸福

　　知足常乐，幸福与否不在乎你拥有多少，而是在乎你眼中看到了多少。

　　一个人幸福与否不在于他拥有什么，关键在于他是否知足，在于他如何看待自己所拥有的。

　　对于自己的拥有，知足的人会这么认为："老天对我太好了，让我拥有了这么多！"而不知足的人则会认为："老天对我太不公平了，让我拥有这么少！"如此，就有了幸福与不幸福的区别。

　　老子曰："祸莫大于不知足，咎莫大于欲得。"这就是说人生最大的灾祸是不知足，最大的过失是贪婪，面对自己拥有的一切还不满足，拥有了还想拥有更多，这就容易导致灾祸，酿成不幸。

　　在一片茫茫的大海边上，有一栋破旧的茅草屋，在茅草屋里住着一对老夫妻，他们无儿无女，过着非常清贫的生活。每天，老头都会出海打鱼，早出晚归，妻子则在家纺纱，赚些零钱贴补家用，二人过着平静的幸福生活。

　　有一天，渔夫出海打鱼，撒了好几网，都一无所获，打上来的都是一些水藻，于是他决定最后再撒一网，如果还是什么都打不上来，

那么就回家。幸运的是，最后一网让他捞上来一尾美丽的金鱼。

让人吃惊的是，这尾金鱼会像人一样说话，它苦苦地哀求渔夫说："老爷爷，我是大海里的海公主，求求您放我回大海里吧，我会报答您的，无论您有什么愿望，我都会帮您实现的。"

善良的渔夫经受不住金鱼的苦苦哀求，什么要求也没提就把金鱼放回大海了。

渔夫的妻子正在家纺纱，看到丈夫空手而归，生气地埋怨渔夫没用。渔夫听妻子数落自己，就把金鱼的事情和她说了一遍。他本想洗脱自己的冤屈，谁想迎来的是更加严厉的指责，妻子说："你这个糊涂的老家伙，怎么可以什么愿望都不提，你看我们家都穷成什么样了。你看看这个木盆，坏的都没法补了，你就是要个木盆也好啊。"

渔夫禁不住妻子的一阵指责，无奈地走出破屋，他来到大海边，对着大海喊："海公主、海公主……"不一会，金鱼浮出水面，渔夫羞愧地对它说："到家后老婆把我骂了一顿，她想让我问你要一个新的木盆。"

金鱼说："老爷爷，你回家吧，我会帮您实现您的愿望的。"

渔夫刚到家，就看到自己家里多了一个又大又漂亮的新木盆。于是心想：老婆有了新木盆这下该高兴了吧！谁知妻子看到新木盆，非但没有高兴，反而把他骂得更厉害了。她又想要一座新房子。

渔夫无奈地再次找到金鱼说出老婆的愿望，等他回到家，破房子果然变成了一座宽敞明亮的新房子。可是他的老婆依然不满足，想要的越来越多，她让渔夫跟金鱼说，她想要一座城堡，要当女王。

这些愿望都实现了，可是妻子依然没有满足，她穷凶极恶地对渔夫说："现在我要你去告诉那条金鱼，让它过来服侍我。"渔夫没有办法，又对金鱼说出了妻子的新要求，妻子的贪婪惹恼了金鱼，金鱼没有搭理渔夫，很快消失在了大海之中。

等渔夫回到家，城堡消失得无影无踪，不但没有了新房子，而且连新木盆也没有了。夫妻二人又回到了原来的清贫生活，继续挤在破旧的茅草屋中，而妻子则仍坐在房前用破木盆洗着衣服。

渔夫和妻子原本因为知足而过着幸福快乐的日子，可是当遇到能满足人类愿望的金鱼时，渔夫妻子内心那份满足消失了，让贪婪的欲望蒙蔽了她的双眼，拥有之后还想拥有更多，不懂得适可而止，最终落得一无所获，重新回到清贫的生活。可以说，是不知足让渔夫妻子失去了原本可以拥有的一切。

这里，还有一个典型的例子。

杜姿是一家家政公司的部门经理，她的工作能力毋庸置疑。经过几年的拼搏，杜姿年薪百万，并拥有一栋豪华住宅，可是她时常觉得生活枯燥，为此寝食不安，整日闷闷不乐。于是，她到处寻找幸福的人，想得到幸福的秘诀。

这天，杜姿来到一个偏僻的乡下。她看到一对做豆腐的夫妇，他们穷得只剩下光秃秃的四面墙，可是每天还是从早忙到晚，不停地做豆腐、卖豆腐，尽管如此他们脸上仍常常挂着幸福的微笑，孩子们也在笑声中快乐地玩耍。

杜姿觉得很奇怪，非常不解地问那位妻子："你们这么穷，为何还这么幸福呢?"

妻子放下手中的活，用极度轻松的语气回答："我们是没有钱，但是这并不妨碍我们快乐啊！一想到我们一家人可以整天在一起劳动，父老乡亲可以享受我们的美味食品，而我们又可以交到很多的朋友，我就非常知足了。"

杜姿怔住了，惊诧不已，思索良久……

年薪百万的部门经理，乡下做豆腐的妇人，她们在物质上显然不成比例，但是在精神的愉悦上，前者却没有后者幸福。由此可见，幸福与一个人所拥有的多少并不成正比，幸福取决于我们的心态！

正所谓："知足者常乐"，幸福是一种积极乐观的心态，是一种纯主观的内在意识，更是一种心灵的满足。一个人对待任何事情若都能秉持一份知足的心态，那么他一定会得到幸福。

我们应该为自己有个健康的身体而知足，比起盲人，我们的生活充满色彩；比起聋哑人，我们能够倾听和交流；比起肢残者，我们能够行走稳健；比起病人，我们不受病痛的折磨。

一个人只有懂得知足，内心才会变得富足。只有心怀知足，我们才会有情趣去欣赏世界，才会因为拥有而感谢上苍，才会因为无忧而体会幸福。

第十章
拯救麻烦：不贪恋过去，不忧惧未来

每一次旅行，既是享受，也是考验，

不贪恋，不惧怕，终点就在前方。

措施 1. 坚定希望，本身就是一种福气

人最珍贵的是生命，只要这件珍贵的东西还握在我们手中，那便
是一份难得的福气。

人的一生总会经历很多事情，这些事情有的让你欢喜，有的让你
忧愁，有的让你仰天大笑，有的则让你垂头叹息。但是，和生命相比，
这些都算得了什么？人的一生，生命是最宝贵的东西，有生命就有希
望，有未来，没有生命，一切就都将烟消云散。

可是，很多人不懂得这个道理，不懂得珍惜生命。翻开报纸、打
开电视，每天都有些不幸的消息：酒后驾车、自杀、吸毒等。他们为
什么要糟蹋自己的生命？不懂得珍惜生命的人，是多么可悲啊！

我们先来看一个故事：

有个小伙子家庭富裕，事业有成，整天过着无忧无虑的生活，可是他并不喜欢这种生活，反而感到无聊和厌倦，他不知道幸福是什么，也不知道幸福在哪里，整天活得浑浑噩噩。

为了寻求刺激，小伙子报名参加了一个极具挑战性的游戏。这个游戏叫作山洞求生，游戏的规则是：一个人在山洞里面生活，除了每天提供的5千克水以外，别的什么也没有。游戏时间为连续5个昼夜。

第一天，青年感觉游戏很刺激，很好玩。

第二天，因为山洞里面没有光和火，所以什么也看不见。在这样安静的黑暗里，小伙子开始面对自己的内心，开始反思起自己平日的生活。

第三天，伤心、孤独、恐惧装满了整个山洞，饥饿也开始折磨起小伙子。小伙子哭泣起来，开始后悔当初的所作所为，并第一次体会到生命的重要性。

第四天，小伙子几乎快要坚持不住了，这时候他想到人世间的美好，想起了从老家不远千里赶来，只为了看看生病的小孙子的母亲；想起了相伴多年的妻子为自己做的饭；想起了儿子淘气时可爱的样子……心中充满了温暖和光明。

就这样，五天终于过去了。当走出山洞的那一刻，小伙子看见：白云在蓝天上自由地飘荡，山下是青山绿水，中间还有鸟语花香，并且温暖的阳光正照在自己身上，他的脸上出现了久违的笑容："活着，真好！"

生命是美好的，因为它只有一次，但很多人却常常忽略了这一点，也许只有那些经历过生死考验的人，只有那些曾经在生死边缘徘徊的人，才能真正体会到生命的可贵。就像上面故事里面的那个小伙子，经过五天的生死考验后，从山洞里面走出来时，他心中最想说的一句话就是："活着，真好！"

也许我们的生活并不富裕，也许我们没有成功的事业，但是最起码我们的心脏还在跳动，我们还有宝贵的生命。在好好活着的前提下，我们有资本去寻找幸福，相比那些失去生命的人，我们活着本身就是一种福气。

活着，本身就是一种幸福。虽然有很多事情不是我们所能左右的，但好在我们还拥有鲜活的生命。只要活着，我们就还有追求幸福的权力。

所以，请不要再为那些繁杂的琐事而苦恼，那些都只不过是生活中一个小插曲。把那些烦人的琐事扔到一边去，好好地珍惜宝贵的生命，尽情去享受生命的乐趣，只有这样，我们才会幸福！

汶川地震期间，有一个男子已经在废墟里面困了50个小时，奄奄一息。当搜救人员赶到的时候，他们看见有一块巨大的石板压在男子的左腿上，而就在这块石板之上，有一栋摇摇欲坠的楼房。

这给这次救援行动增加了很大难度，因为如果把这块石板给移动开的话，就有可能会让整栋房子都塌掉，后果不堪设想。站在一旁的妻子哭喊着："求求你们，快救救他，他不能死！"

最终，搜救人员经过精心安排，紧密配合，成功将男子救了出来。经过医院的紧急抢救，男子脱离了危险，最终苏醒了。只不过，他的左腿被截肢了。

截肢的疼痛时常折磨着这名男子，他不但要承受身体的疼痛，而且还要承受已经是残疾人的精神压力。可是这名男子看起来却一点儿也不悲伤，脸上反而洋溢着幸福的气息，无论打针、输液、换药，都用微笑去面对。

有媒体采访这名男子时，男子对媒体说了这样一句经典的话："虽然我失去了一条腿，下半辈子要拄拐杖生活，但是我还活着啊，活着对我来说就是最大的幸福！"

"我还活着，活着对我来说就是最大的幸福"，多么警人的一句话啊！

也是在汶川地震中，作家李西闽被困在废墟里面 76 个小时。获救后，他在病床上用一只手创作了《幸存者》，里面有这样一段话："你是一个幸运的生命，你还活着，还可以吃饭，还可以喝水，还可以看到高远的天空和人间景象，还可以和别人握手，还可以感觉到人体的温暖和无声的爱……"

活着，本身就是一种幸福。所以，在漫长的人生道路上，无论我们是在享受快乐，还是正在经历挫折，我们都要时刻珍惜生命，珍惜目前所拥有的一切。只有这样，我们才能获得幸福的人生。

措施 2. "熬"是一种力量，有等待就会有幸福

经过等待和考验的生命是美丽的，"熬"下去，我们就有可能遇见幸福。

我们知道，小麦有春小麦和冬小麦之分，但是春小麦远远没有冬小麦那么黏稠、芬芳？为什么呢？就在于春小麦没有经过漫长的严冬，没有经过风雪的洗礼，植物尚且如此，何况人呢？

听说过这样一个有趣的实验：

一个心理学教授给十个孩子每人发一颗糖果，然后郑重其事地说："等到 3 个小时之后再吃，那时就会有更多的糖果奖赏给你们。"

看着这些漂亮的糖果，孩子们觉得等待中的三个小时非常漫长，渐渐有些人忍不住了。可是，在这群孩子中间，只有一个孩子用尽各种方法让自己撑下去：他一会儿闭上眼睛，避免看见十分诱人的糖果；一会儿自言自语、唱歌、玩弄自己的手脚，转移自己对糖果的注意力……

三个小时之后，教授回来一看，只有那个孩子还拿着那块糖，其余的孩子都将糖偷偷地吃掉了。多年后，教授调查了这些孩子们的各自情况，发现忍住没吃糖的那个孩子事业最成功，是一家大型企业的总裁。

这不过是一个小小的糖果试验，却告诉我们一个道理：人生要学会"熬"，要能耐得住各方面的诱惑和考验，只有熬住了才会有希望、有幸福。正如圣人古训："天将降大任于斯人也，必先苦其心志，劳其筋骨，饿其体肤，空乏其身，行拂乱其所为，所以动心忍性，增益其所不能。"

人生的道路不可能一帆风顺，有平坦，也有险阻；有鲜花，也有荆棘。一个人的成长必须能够熬住各种各样的磨难和挫折，那样才能足够强壮，否则势必无法坚强地面对生活，走向毁灭。

一个非常喜欢生物的小男孩，很想知道蛹是如何破茧成蝶的。一次，他终于在草丛中发现了一只蛹，便取回家养了起来，日日观察。

过了几天，小男孩发现蛹上出现了一些细小的裂缝，他仔细观察了一下，发现里面竟然有一只小蝴蝶！这只小蝴蝶在蛹里面不断地挣扎，但是，它的身体似乎被什么东西卡住了，那对翅膀怎么也无法破茧而出。

小男孩有点儿着急，他不忍心蝴蝶被卡在里面，于是找来一把剪刀，轻轻地把蛹壳剪开。那只小蝴蝶从蛹壳里毫不费力地出来了，小男孩松了一口气。但是，由于蝴蝶的翅膀还没有成熟，根本飞不起来，不久便痛苦地死去了。

蛹要经过一番痛苦地挣扎，才能变成翩翩起舞的蝴蝶；璞要经过工匠的千雕万凿，才能成为价值连城的美玉。渴望幸福，就不要畏惧"熬"的艰辛，真正潜心做事之人都有体会：幸福是"熬"出来的，活着才会有幸福。

比如，司马迁忍辱负重，煎熬十年，终成《史记》，为后人研究古代历史提供了最详尽的史料；李时珍撰写医药典籍，历时二十七年，访遍名山大川，尝遍百花野草，终于著成《本草纲目》，造福后代。

每个人的一生都难免遇到各种不同的逆境，这时候请你不要放弃对幸福的渴望，更不要放弃对生存的希望。活着是幸福的源泉，"熬"的过程可以增强我们的心智，练就忍耐、沉稳和坚韧。

王蒙有一个梦想，那就是拍出最好的电影，成为现当代最好的导演。

王蒙毕业于纽约大学，因为没能找到一份与电影有关的理想工作，不得不赋闲在家。好在王蒙的妻子李丽对他非常理解，也非常支持，努力赚钱供养整个家，为了缓解内心的愧疚，王蒙包揽了所有的家务，买菜、做饭、带孩子、打扫屋子等。

"三十而立"的年纪里却在家里做"家庭煮男"，这估计会令很多男人难以承受，不过王蒙并没有因此而一蹶不振，6年中他每天都会阅读大量书籍，仔细研究好莱坞电影的剧本结构和制作方式，思考如何将中美文化结合在一起。

6年赋闲的生活后，王蒙开始正式创作剧本，他将中国文化和美国文化有机地结合到了一起，创作出了一些全新的作品。之后他开始执导电影，其电影作品受到了广大年轻人的喜爱。

现在，王蒙已经闻名国际，获奖无数，经过6年的蛰伏，他终于实现了自己的梦想，成了一名优秀的导演。

一个热爱电影事业的电影人不能奋斗在电影行业，只能待在家里做家务，这是令人痛苦的，但也正是这 6 年中的不断学习与研究的"熬"，才使得王蒙学富五车、才高八斗，从而创作出优秀的电影作品，缔造了幸福人生。

《麦田里的守望者》里有一句话是这样说的："一个不成熟男子的标志是他愿意为某种事业英勇地死去，一个成熟男子的标志却是他愿意为某种事业卑贱地活着！"王蒙用他那特有的执着与坚韧赋予了"熬"最完美的诠释。

只有熬得住艰辛，才能挺得起人生。只有熬得住苦难的沉重，才能撑得起未来的辉煌。难怪奥斯汀曾经说过一句话："在你心中的庭院，培植一棵忍耐的树，虽然它的根很苦，但是果实一定是甜的。"

你希望幸福吗？那么，首先你要能够"熬"住！不妨尝试把那颗甜蜜的糖攥在手心，不妨索性做一回冬小麦，只有经历严冬风雪，慢慢成熟，细细磨炼，心灵的触觉才能延伸得更远，更为丰富。

措施 3. 沉得住气才能成大器

很多时候，真正能"吃"掉老虎的，未必就是比老虎更凶猛的野兽。

没有一条路平整到毫无坑洼，但我们不能因为坑洼而拒绝前行；没有一片土地平阔到没有低谷，但我们不能因为低谷而放弃大河山川。很多时候，我们要想获得成功与幸福，就要先活下去，沉得住气才能成大器。

战国时期，孙膑和庞涓同拜一个师父。孙膑是齐国人，少时孤苦，但是聪明过人，为人厚道，而魏国人庞涓天资学业虽较好，但为人奸猾，善弄权术。

经过师父的精心调教，孙膑和庞涓兵法、韬略大有长进，但两人的差距也越来越明显了，庞涓心里很嫉妒孙膑的才能，可在嘴上却只字不提。

这时，传来了魏惠王招贤纳士的消息。庞涓下山应招，很快就得到了魏王的重用，被拜为军师，屡建军功。庞涓深知孙膑乃自己的大敌，欲除而快之。思谋良久，庞涓忽生一计，他大力向魏王推荐孙膑。魏王大喜，让庞涓写信请孙膑到魏国共事，并且派了使者带着书信和重金前去相聘。

得知庞涓的举荐，孙膑很是感动，欣然而来。想助庞涓成就大业。谁知，庞涓却又劝说魏王暂且不能对孙膑委以重任，而后又施一计，诬陷孙膑卖国通敌，结果孙膑双腿的膝盖骨被残忍地挖掉了，成了废人，被软禁在庞涓的府院。

得知自己遭庞涓暗算时，孙膑很是气愤，但他很清楚自己的处境，以残废的身体无法和庞涓正面对抗，所以他想出了装疯的计策，经常一睁开眼便大哭大闹，经常突然扑倒在地，口吐白沫。为了让庞涓信以为真，他还跑到猪圈里和猪抢食。孙膑就这样苟且偷生，整日以猪圈为家，胡言乱语。时间一长，人们都说他真疯了，庞涓也信以为真："看来是真疯了。"于是，渐渐放松了对孙膑的警惕。

终于有一天，齐国大将田忌出使魏国，见到猪圈里的孙膑，非常同情。田忌知道他是难得的人才，于是秘密用车将孙膑运到齐国。孙膑大难不死，凭借自己的满腹才学和韬略成了齐国的军师，率领齐军在马陵道杀死庞涓，打败魏军，成了一代军师。

在身陷魏国的日子里，孙膑不但受到了身体上的折磨，而且遭到兄弟的迫害，甚至连最基本的生存都没有保障。他睡猪圈，吃猪食，整日的装疯卖傻，这样的磨炼是一般人所不能忍受的，可是孙膑以莫大的意志力忍受住了，也正是因为他苟且偷生，才保全了性命，才能在日后报仇雪恨、建功立业。

由此可见，只有在坑洼中沉得住气，汲取教训，未来的路才能走得更加宽阔；只有在低谷中积蓄力量，有朝一日挺起腰板时的视野才能更加高远。

那些取得了较大成就并且获得幸福的人，并不是因为一开始便居于高位，也不是他们有一步登天的本领，而是他们在不被重用与重视的时候，也能够坦然自若，不断地完善自我。

有这样一个真实的故事曾广为流传：

有一位青年，他在美国一所著名大学的计算机系留学深造。博士毕业后，他想在美国找一份理想的工作。可是，由于他的起点高、要求高，结果连续找了好几家大公司，都没有录用他。

思来想去，青年决定收起所有的学历证明，以一种最低身份求职，他拿着自己的高中毕业证书前去寻找工作，并声称自己只想在工作岗位上锻炼自己，学习学习，哪怕不给工资也愿意做。

不久，青年就被一家大企业聘为程序录入员。程序录入员是最基础的工作，这对他来说简直就是小菜一碟，可是他仍干得一丝不苟。有一次，他看出程序中的错误，并适时地向老板提了出来。

老板发现青年人居然能看出程序中的错误，非一般的程序录入员可比，对青年人自然多了一份认可和欣赏，同时也很好奇。这时，青年人亮出了学士证书，于是老板给他换了个与大学毕业生对口的工作。

又过了一段时间，老板发觉在这个工作岗位上，青年人还是比别人做得都优秀，他更加的好奇了，于是就约青年人详谈。此时，青年人才拿出了自己的博士证书，而且是美国一所著名大学的博士证书。

老板对青年人的水平已经有了全面的认识，又佩服于他能够踏踏实实地做好每一项工作，便"破例"让他担任公司的技术主管。

这位青年人之所以取得了成功，是在于他能够最大限度地低就，踏踏实实地从基层干起，由此获得了一个个锻炼自己的工作平台，既从中获得经验与资历，又展现了自己的能力和才华，如此新的机会和新的岗位自然向他走来。

不要因为生活中的各种困顿而迷失方向，放弃自我、放弃活着的资本。就像压紧的弹簧不是为了永远弯曲在那里，而是为了有朝一日更有力量地迸发。无论出于哪种动机，只要你坚持了，努力了，形成一种不懈的品性，那么就会获得巨大的能量，赢得成功的人生。

措施 4. 永不放弃，赢得连贯性的幸福

对一名好的医生来说，面对死神，必须有永不放弃的信念，如此才能拯救生命。同样的，对于想要获得幸福的人们来说，在生活面前，也应该有永不放弃的信念，如此才能抓紧幸福。

每个人都渴望幸福，可是在通往幸福的路上，挫折、困难、失败是在所难免的，此时，最明智的选择就是高瞻远瞩，不要被眼前的困境所蒙蔽，告诉自己："坚持！再坚持！不能放弃！绝不能放弃！"

古人讲："骐骥一跃，不能十步；驽马十驾，功在不舍。"永远也不能轻言放弃，因为没有人会知道下一秒将发生什么，如果有了坚持的勇气，只要这一秒不放手，坚持下去，那么下一秒就有可能出现幸福。

人可以成全自己，也可以打败自己。如果你被眼前的困境所蒙蔽，没有坚持下去的信念，动摇了，退缩了，或者中途放弃了，那么你真的会躺下去再也起不来，而人生到了这种地步，又谈何幸福呢？

一艘轮船遇难了，有个人抱着一根木头跳入海里，非常幸运地存活了下来。他在海上漂流了大约有两天的时间，最后被波浪推到了一个小岛上。

小岛上没有人居住，他走遍整个小岛，把所有能吃的东西都搜集

起来，然后放进了一个小木棚里储藏着，这些食物可以让他勉强维持一个月。

这个人每天都会爬上山顶向海上张望，希望可以看见远方的船只，可是始终不见有船来。一天，他正在山顶上眺望，突然看见了一股股的浓烟，再仔细一看，居然是自己木棚子那个方向！

啊！他急忙跑了回去。原来是雷电点燃了木棚，大火熊熊地燃起来，他多么希望雨能再下得大些啊，因为在木棚里有他所有的食物！可是，雨并不大，不足以灭火。当木棚子化为灰烬时，大雨才落下来，但一切都晚了。

没有了食物，这个人绝望了，心想这一定是天意，于是心灰意冷地在一棵树上结束了自己的生命。

就在他停止呼吸后不久，一艘船开了过来，船上的人们来到岛上。看到灰烬和吊在树上的尸体，船长明白了一切，他对船员们说："这个上吊的人没有想到失火后冒出的浓烟会把我们的船引到这里，其实他只要再坚持一会儿就能获救。"

坚持是对绝望的否定，只要你还在坚持，那么一切就还有希望，还有翻盘的可能。当面临生活的不幸时，只有坚持苦尽甘来的信念，才会得到幸运天使的垂青；当身处黑暗的深渊时，只有坚信黎明会到来，才有机会赢得奇迹的发生。

很多伟人之所以能成就大的事业，并不是因为他与生俱来的聪慧或充满侥幸的运气，而是因为他们的意志力比大多数人都更强一些，坚持得更久一些。坚持，所激发出来的是一种持续性的力量，能够将美好的东西集中过来，进而获得幸福和成功。

　　海耶士·钟士是 1960 年跨栏比赛的风云人物。他赢得了一场又一场的比赛，打破了许多纪录，轰动一时。之后，他顺理成章地被选为当年在罗马举行的奥运会选手，参加 110 米跨栏比赛，全世界的人们都认为他能赢得金牌。但是，出乎意料，他并没有得到金牌，只跑了第三名。

　　这当然是个极大的挫折。在外人看来，海耶士·钟士已经赢得所有其他比赛的跨栏冠军，何必再受四年更艰苦的训练？

　　但是，海耶士·钟士却不安于这种想法。"对自己一生追求的东西，"他说，"你不能够说放弃就放弃！"因此，他又开始了训练，每天三小时，从未间断。在之后的几年里，他又在 60 米和 70 米跨栏项目上创造了一些新纪录。

　　1964 年 2 月 22 日，在纽约麦迪逊广场花园，海耶士·钟士要参加一场 60 米跨栏赛，这时他已经到了退役年龄，赛前他宣布这是他最后一次参加室内比赛。大家的情绪都很紧张，每个人的眼睛都看着他。最后，他赢了，打破了以前自己所创的最高纪录。钟士走回跑道，真诚地答谢观众的欢呼，七万名观众都起立致敬，流下了感动的眼泪。

　　生活中，总有人在嚷嚷："我努力了很多次，但是却一直都得不到幸福！"很多次是多少次？上百次，几十次，还是只有几次？不管多少次，只要不成功，那么就再努力一次，接着努力一次……幸福之路太艰难、太坎坷，而坚持不懈意味着一直一直坚持下去，永不放弃。

看看"美国名人榜"上那些名人经历，你会发现，那些功业彪炳千秋、幸福源远流长的伟人，都是懂得坚持的人。坚持是解决一切困难的钥匙，它可以使人抓住一切幸福的机遇，即使只有万分之一的希望。

有一位年轻的美国人，他的父亲是一个赌徒，母亲是一个酒鬼。父亲赌输了就会打母亲，接着再打他；而母亲喝醉了也会拿他出气。这样的生活让他享受不到人生的乐趣，于是他下定决心要走一条与父母迥然不同的路，活出个人样来。

做什么呢？他想到了当演员——当演员不需要文凭，更不需要本钱。不过，他显然不大具备演员的条件。他的长相很难让人有信心，加上又没有接受过任何专业训练，所以只能当一名普通的群众演员，但是这个年轻人认为，这是他今生今世唯一的出头机会！

于是，年轻人鼓起勇气找明星、找导演、找制片……找一切可能使他成为真正演员的人，可是他一次又一次被拒绝……一晃两年过去了，年轻人变得穷困潦倒，身上全部的钱加起来都不够买一件像样的西服。

他想，既然不能当演员，能否换一个方法？他想出了一个"迂回前进"的方法：写剧本，待剧本被导演看中后，再要求当演员。两年多当群众演员的耳濡目染，他已经具备了写电影剧本的基础知识。

当时，美国共有500家电影公司，年轻人带着自己写的剧本拜访了所有公司。三轮的拜访，1500次的拒绝，这足以耗费一个普通年轻人所有的热情与激情，但是这个年轻人并不是普通的人，他决定开始第1501次拜访。

终于，一个曾经多次拒绝过他的导演被感动了，对他说："我可以给你一次机会，但我要把你的长剧本改成电影，并让你当男主角。拍完后，我们看看效果，如果效果不好，你便断绝这个念头吧！"

为了这一刻，年轻人已经作好了充足的准备。电影拍完后，一举打破了当时全美最高的观影率——年轻人成功了！这部电影就是之后红遍全世界的《洛奇》，这位年轻人就是史泰龙。

试想，如果在第三轮尝试之后，史泰龙停在第 1500 次的拜访上，那么他的生活会如何？他还能改变命运，获得成功吗？我们还会有缘一睹他所参与的电影佳作吗？相信你我心中都有答案。改变史泰龙命运，让他赢得了最后的成功和幸福的，是坚持——坚持不懈的对梦想和幸福的追求。

英国前首相丘吉尔是一个非常著名的演说家。他生命中的最后一次演讲大约持续了 20 分钟，全程他只讲了两句话：坚持到底，永不放弃！

如果你现在还没有获得幸福的人生，那不妨问一下自己"我坚持了吗"，只有提醒自己坚持不懈地去努力，才能获得最终的成功。坚持，坚持，再坚持，这个原则可用，而且永远适用，相信使用后的你将会无往不胜，幸福也将会源远流长！

措施 5. 体会每一天的乐趣，生活才会更幸福

人生的幸福是由一点一滴的快乐拼凑起来的，将每一段旅程的小快乐加起来，便能组成幸福的康庄大道。

人生在世，有太多可以享受的东西，美味的食物、悦耳的音乐、舒适的沙发……但其实那些都不是最主要的，最主要的是我们要学会享受生活中每一天的乐趣。用一种恬淡与安适的心境，欣然面对平凡的日子，享受生活的清闲和美妙，当这些小小的乐趣汇聚起来的时候，那便组成了幸福。

在人生的旅途中，最重要的，不是终点处的目的地，而是漫漫旅途中的美好风景。如果为了抵达终点而在道路上不断地奔跑，为了实现目标而让忙碌和烦恼填满生命，那么我们就会错失那些最为美好的事情，错失抵达幸福的希望。幸福不是某一个具体的目的地，而是一条由生命中每一个小乐趣所组成的康庄大道。

有这样一个故事：

有一个小伙子，做什么事情都强调速度，最不喜欢做的事情就是等待。一次，他和女朋友约会，结果他来早了，左等右等，女朋友都没有来，于是他开始不断地长吁短叹，唉声叹气。

这时一个天使路过，看到他苦恼的样子，便降临到他面前，问道：

"发生什么事情了，我有什么能够帮助你的吗?"

小伙子立即跪倒在地，对天使说道："仁善的天使啊，求您帮帮我，让我的女朋友快点来吧!"

天使见小伙子态度诚恳，便拿出一个遥控器送给他，说道："只要你按下按钮，你就可以跳过所有等待的时间，让事情按照你的意愿进行。"

小伙子非常高兴地接过天使的遥控器，迫不及待地按了一下按钮，果然，他的女朋友立刻出现在他面前。然后，他又想马上结婚，于是按下按钮，他便踏上了婚姻地红地毯。婚后不久，他又想立即要孩子，总之每有一个想法他就按一下按钮。

就这样，他跳过了所有等待的时间，拥有了家庭、事业、子女。但同时，由于时间加速，他也很快到了风烛残年。这时候，他才意识到恋爱的甜蜜、婚后的幸福等，所有本该享受的人生乐趣，都被他直接跳过了。

人生如戏，每一幕的安排都有相应的意义，每一段旅程都是组成生命的一部分。如果我们不能耐心地观看每一集，总是快进前行，那么必将会错过很多跌宕起伏的剧情，错过许多暗藏伏笔的精彩，这样所欣赏到的就不是整部戏，也无法领略到整部戏的精彩。

人生道路上，如果我们总想加快速度前行，那么我们的人生就会成为一个片段，而不是完整的人生，生活也将会失去它原本的价值。正如约翰·列侬所说："当我们为生活疲于奔命的时候，生活已经离我们而去。"

要知道，人生的意义并不只是为了追求名利、荣誉，而是为了得到自我肯定与生活的乐趣。珍惜每一天，体会每一天，享受每一天，如此我们的人生才会有意义，我们的生活也才会更幸福。

有一个商人辛辛苦苦地奋斗了大半辈子，终于攒了一大笔钱，于是他坐船到了西班牙海边的一个渔村度假。在码头上，他看见一个渔夫划着一艘小船靠了岸，船上有好几尾大鱼。

商人对渔夫能抓到这么高档的鱼表示赞叹，便问："您每天要花多少时间才能抓到这么多鱼？"

渔夫回答："一会儿工夫就抓到了，我不用费多大力气。"

商人说："为什么您不再多抓一会儿，这样您就可以抓到更多的鱼了。"

渔夫觉得不以为然，他说："这些鱼已经够我一家人一天的生活了，我为什么要抓那么多呢？"

商人又问："您只花一小会儿的时间就抓了这些鱼，那么剩下的时间你怎么打发呢？"

渔夫说："我每天的事情很多啊！我睡到自然醒，然后出海抓几条鱼，回去和孩子们玩一玩，接着再睡个午觉。黄昏的时候到村子里找几个朋友喝点儿酒，弹会儿吉他，日子很充实。"

商人听了摇了摇头，并且帮他出主意："我给您出一个可以挣大钱的主意，您应该多花一些时间去抓鱼，然后攒钱买条大些的船。到时候您就可以抓更多的鱼，再买渔船，这样您就可以拥有一个船队。您还可以直接把鱼卖给工厂，这样就可以挣更多的钱，然后再开一家罐头厂，如此您就可以离开渔村，到城市里去做有钱人了。"

渔夫问："我要达到这些目标需要花多少年的时间呢？"

商人说："大概十五年到二十年。"

"然后呢？"

商人说："然后？然后您就会更加有钱，您可以挣好几个亿呢！"

"再然后呢？"

"那您就可以退休了，您可以搬到海边的小渔村去住，享受清新的空气，每天睡到自然醒，然后出海抓几条鱼，回去和孩子们玩一玩，再睡个午觉。黄昏的时候到村子里找几个朋友喝点儿酒，再弹会儿吉他。"商人说，"我的前半生都在奋斗，所以，你看我现在不是来海边度假来了吗？"

渔夫听完，非常不解，他说："难道我现在的生活不就是这个样子吗？我为什么还要花那么多的时间去折腾自己呢？还有，来海边度假是多么简单的一件事情，你十年前就能做到，为何要辛苦奋斗大半辈子呢？"

商人沉默了。

商人用了大半辈子的时间终于如愿以偿地做了渔夫每天都在做的事情。对于商人来说这无疑是一种悲哀，因为他错过了太多享受生活乐趣的机会。而渔夫每天都在享受生活，所以尽管他一无所有，但他活得足够幸福。

人生只有一次，我们应该懂得珍惜宝贵的生命，享受每一天的生活，以此来激发我们更好地创造生活，提高生命的质量，如此我们的人生才会更加丰富多彩，我们的人生旅行才会更加有意义，我们才能不虚此行。

如果我们每天都是幸福的，那么我们的一生都会是幸福的！

措施6. 全心全意生活，打好幸福的"靶子"

当你全心全意地投入某件事时，连世界都会对你微笑。

无论做什么事情，我们都要全身心地投入，全神贯注地去感受，即使有再多的诱惑也不能分散精力。只有这样，我们才能享受到投入的乐趣，做事情也才能事半功倍，尽可能提高成功的概率。

这就如同欣赏风景，当我们欣赏一处风景的时候，不要着急去寻找下一处，而是要用心去体会此情此景。当我们全心投入的时候，眼里除了这个美景之外，世界上任何东西都将不复存在，我们将更容易享受到这个美景所带来的喜悦和幸福。

然而，在实际生活中，很多时候我们都无法做到这一点，我们总是三心二意，想着很多的事情，干这个事情的时候，又想着别的事情，结果不仅这件事情没做好，别的事情也被耽误了，长此以往只能一事无成。

有这样一个故事，相信大多数人都曾看过：

这一天，天气晴朗，空气清新，猫妈妈准备出去钓鱼。小猫看到了，也要跟着妈妈去，妈妈说，好吧！于是它们就扛着鱼竿出发了。

到了水塘边，它们架好鱼竿，开始等鱼上钩……等了没一会儿，小猫就坐不住了，开始东瞅瞅西望望。忽然，它看到一只蜻蜓飞了过来，于是它就放下鱼竿，跑过去追蜻蜓。可是蜻蜓一下飞到草窝里看不到了，小猫只好回到水塘边。

又坐了一会儿，鱼还是没有上钩，小猫又开始着急了。这时，一只美丽的蝴蝶飞了过来，小猫放下鱼竿，跑过去捉蝴蝶。可是，蝴蝶一下子飞到了花丛中，小猫只得再次回到水塘边，接着开始钓鱼。

这时，猫妈妈钓起了一条大鱼，小猫既羡慕又忌妒，哭着问妈妈："妈妈，为什么我就不能钓上一条鱼呢？"猫妈妈说："你一会儿捉蜻蜓，一会儿追蝴蝶，三心二意，怎么能钓到鱼呢？"

钓鱼是一件考验耐性的事情，鱼咬钩往往就在那几秒之间，哪怕稍有错过，把握不住时机，我们也无法将鱼钓上来。生活中成功与幸福的机会也是如此，往往就在电光火石之间，一旦错过，便将错失原本唾手可得的幸福与成功。

因此，我们在做事情的时候，一定要将自己所有的能量和全部的注意力投放在每一个步骤上，把精神状态调到简单而专一的状态，让自己没有太多私心杂念，尽可能地激发内心的潜能，让自己全心全意投入，这样才可能钓起生活的鱼。

下面，我们再来看一个小故事：

从前，有一位射箭高手，他百发百中、箭无虚发。为此，想拜他为师学习射箭的人数不胜数，为了检验拜自己为师的那些人有没有射箭的天赋，射箭高手把箭靶挂在树上，然后问想拜他为师的人："你们看到了什么？"

有的人说："我看到了树木、树枝和树上的小鸟。"

有的人说："我看到了天空和上升的太阳。"

突然有一个人说："我什么都没看到，我只看见箭靶。"

这个人刚说完，这位射箭高手立即决定收他为徒，对他说："孺子可教也，只要你保持这种状态，假以时日一定能成为射箭高手。"

谁知，射箭高手并没有直接教徒弟射箭，而是很严肃地对他说："要成为一名箭无虚发的神箭手，就要坚持不懈地刻苦练习。你先回家吧，你要先学会不眨眼，做到了不眨眼后才可以谈得上学射箭。"

徒弟回到家里，仰面躺在妻子的织布机下面，两眼一眨不眨地直盯着他妻子织布时不停地踩动着的踏脚板。天天如此，这样坚持练了两年，即使锥子的尖端刺到了眼眶边，他的双眼也一眨不眨。

于是，徒弟整理行装，离别妻子又回到射箭高手那里。谁知，射箭高手说："还没有学到家哩！要学好射箭，你必须要练到看小的东西就像看到大的一样。等你练到了那个时候，你再来找我。"

徒弟又一次回到家里，选一根最细的牦牛尾巴上的毛，一端系上一个小虱子，另一端悬挂在自家的窗口上。之后，他整日用双眼注视着吊在窗口的牦牛毛下端的小虱子。三年过去了，徒弟觉得眼中的小虱子大得仿佛像车轮一样，于是他再次找到师父。

这一次，射箭高手递给徒弟一把箭，将一根系有虱子的牦牛毛挂到5米开外的大树上，叫徒弟射过去。徒弟目不转睛地瞄准那虱子，虱子仿佛渐渐变大了，他将箭射过去，箭头恰好从虱子的心脏穿过。

射箭高手高兴地对徒弟说："对射箭的奥妙，你已经掌握了！你成功了！"

射箭的精髓就在于，全神贯注地盯住目标，全心全意地投入，摒弃一切杂念，只将注意力全部集中在箭靶上。其实，生活也像射箭一样，只有全心全意地生活，全神贯注地做事情，我们才能打好生活的"靶子"，收获幸福的人生。

幸福与否是和对生活投入多少精力成正比的。还记得"水滴石穿"的故事吗？水本来是世间至柔之物，但是当水专注的时候，一滴一滴打在石头上，那么，再坚硬的石头也会被砸出坑洞来。

无论你身在什么职位，从事怎样的工作，只要你坚持全身心地投入生活，全神贯注地做事情，踏踏实实地去做好每一个环节，不断深入与积累，那么就能造就出令人惊叹的成就，赢得更多的掌声，收获更多的成功和幸福。

20世纪80年代，有一位在国内有一定影响力的花鸟画家，他在16岁时就举办了个人画展，有多幅作品被选送至日本、意大利、美国、法国等国展出，被誉为"画童""小天才"。

在一次画展招待会上，有人问画家："现在的画家很多，你是如何从众人中脱颖而出的呢？期间的过程是不是很不容易？"

画家微笑着摇摇头，回答："一点儿都不难！不过，我差点儿当不了画家，小时候我的兴趣非常广泛，也很要强，画画、游泳、拉手风琴、打篮球必须都得第一才行。这当然是不可能的，有段时间我心灰意冷。"

众人都很好奇，画家解释道："老师知道后，找来一个漏斗和一捧玉米种子。她让我双手放在漏斗下面接着，然后捡起一粒种子投到漏斗里面，种子顺着漏斗滑到了我的手里。老师接连投了十几次，我的手中也就有了十几粒种子。最后，老师抓起满满的一把玉米粒放进漏斗里面，玉米粒相互拥挤着，竟一粒也没有掉下来。"

顿了顿，画家接着说道："经老师提点，我放弃了游泳、篮球等，大半辈子都只坚持学习画画，也许这就是我画画比较好的原因吧！我想，如果我当初什么都学习的话，可能现在我什么都不是。"

有的人做了一辈子事儿，却没有一件能让人记住的；但有的人一辈子只做了一件事儿，就让人记住了。实现成功、幸福的人生其实不是什么难事儿，最重要的就是你要能够收住心，能够全心全意地去做好一件事情。

总之，对于生命中的每一刻，我们都要做到全心全意地投入。只要做什么事情都全心投入，那么就没有任何事情能够扰乱我们的心神，只要能够保持这种状态，幸福自然就会来到我们身边。

图书在版编目(CIP)数据

心中有景,花香满径:人生的风景,都是心灵的风景 / 夏晓夕著.

—北京:中国华侨出版社,2015.9 （2021.4重印）

ISBN 978-7-5113-5668-0

Ⅰ.①心⋯ Ⅱ.①夏⋯ Ⅲ.①人生哲学–通俗读物

Ⅳ.①B821–49

中国版本图书馆 CIP 数据核字(2015)第222821 号

心中有景,花香满径:人生的风景,都是心灵的风景

著　　者 / 夏晓夕

责任编辑 / 文　蕾

责任校对 / 孙　丽

经　　销 / 新华书店

开　　本 / 670 毫米×960 毫米　1/16　印张/17　字数/232 千字

印　　刷 / 三河市嵩川印刷有限公司

版　　次 / 2015年10月第1版　2021年4月第2次印刷

书　　号 / ISBN 978-7-5113-5668-0

定　　价 / 48.00 元

中国华侨出版社　北京市朝阳区静安里 26 号通成达大厦 3 层　邮编:100028

法律顾问:陈鹰律师事务所

编辑部:(010)64443056　　64443979

发行部:(010)64443051　　传真:(010)64439708

网址:www.oveaschin.com

E-mail:oveaschin@sina.com